FISCHER LOGO

für den Spielraum im Kopf

Ein Kaleidoskop logischer Unterhaltung,
rätselhafter Spiele
und verständlich verfaßter Wissenschaft

Über dieses Buch In dieser Geschichte verbindet sich das allzu Wahrscheinliche mit neuen Dimensionen. Der Computerfachmann Joe Fletcher und sein ausgeflippter Freund Harry Gerber bauen eine auf der Planckschen Konstante beruhende Zeitmaschine, einen sogenannten «Blanser», mit deren Hilfe sich Vergangenes (das schrumpft) und Zukünftiges (das sich ausdehnt) in den wahren Dimensionen zeigt. Schließlich werden auch Wünsche wahr und sie scheinen alles nur zu verschlimmern... Eine rasante Satire, scharf geschnitten wie ein Underground-Comic, phantasievoll wie ein Märchen und spannend wie ein Krimi. Erdacht von einem Physiker.

Über den Autor Rudy Rucker, 1944 geboren, ein Urururenkel des deutschen Philosophen Hegel, promovierte über ein mathematisches Thema und ist Dozent für Philosophie und Mathematik in den USA. Er liebt Rockmusik, ist Anhänger der Beat- und Hippiekultur der USA und einer der besten Köpfe des New Age. Er schreibt Sachbücher und Romane sowie Erzählungen. Im Fischer Taschenbuch sind erhältlich: ›Mixmischmasch‹ (Nr. 8705), ›Lichtfänger‹ (Nr. 7596), ›Lafcadio und die Sexkugel‹ (Nr. 8704), ›Gödel, Zappa, Rock'n Roll‹ (Nr. 8713) sowie ›Der Ozean der Wahrheit‹ (Nr. 10221).

Rudy Rucker

Herr über Raum und Zeit

Verrückte Mathematik,
philosopische Schocks,
physikalische Scherze.

Roman

Aus dem Amerikanischen
von Udo Breger

Fischer
Taschenbuch
Verlag

Veröffentlicht im Fischer Taschenbuch Verlag GmbH,
Frankfurt am Main, Februar 1991

Lizenzausgabe mit freundlicher Genehmigung
des Wolfgang Krüger Verlages, Frankfurt am Main
Die Originalausgabe ›Master of Space and Time‹
erschien im Verlag Bluejay Books Inc., New York

Umschlaggestaltung: Manfred Walch, Frankfurt am Main,
unter Verwendung eines Bildes von Bryan Barnard
Druck und Bindung: Clausen & Bosse, Leck
Printed in Germany
ISBN 3-596-10350-9

Für Mike Gambone und Mary Molyneux

Inhalt

Das ist der Name dieses Kapitels

Auf meinem Bildschirm begann es zu blinken. Ich hatte mein Gerät so programmiert, daß es den Dienstschluß auf die Nanosekunde genau angab. Softech bediente sich der Flexitime, eines flexiblen Zeitsystems, was soviel bedeutete wie: Hatte man seine vierzig Stunden geschoben, konnte man die Woche abhaken. Noch rasch ein paar Tastenschläge, und ich hatte die Woche im Kasten. Ich gähnte und blickte mich in dem allzu vertrauten Büro um. Eigentlich war ich viel zu alt, um so hart zu arbeiten. Es war nur wenige Jahre her, daß ich auf eigenen Füßen gestanden hatte – meine eigene Firma, meine eigene Unterschrift auf dem Gehaltsscheck. Aber jetzt...

»Schon so früh fertig, Dr. Fletcher?«

Das war meine Vorgesetzte, eine steife, blonde junge Frau namens Susan Lacey. *Dr.* Susan Lacey. Bei Softech sprach keiner den andern mit Vornamen an. Firmenpolitik.

»Nein, fertig noch nicht. Aber meine vierzig Stunden, die hab ich drin. Es ist Freitag nachmittag...«

Ein unverbindlich verbindliches Lächeln glitt über ihr Gesicht. »Wir haben zwei Uhr siebenundvierzig, Dr. Fletcher. Es erübrigt sich ja wohl zu sagen, daß sie es schrecklich eilig haben mit ihrem Programm. Sie wissen doch, wie ungeduldig sie sind.«

Sie. Lacey sprach über *ihre* Vorgesetzten stets in einem Ton, als stünden sie, Dr. Susan, und ich gegen irgendwelche abstrakten, unpersönlichen *sie.* Das entsprach ihrer Methode, ihrem Versuch, meine Sympathie zu gewinnen. Dabei war sie eine Leuteschinderin sondergleichen. Ich wünschte, ich wäre wieder mein eigener Herr; ich bin viel zu gut für ein derartiges Hickhack.

»Seien Sie unbesorgt.« Ich klappte meine Aktentasche zu. »Der Abgabetermin ist erst Mittwoch, wissen Sie; ich werd's schon noch rechtzeitig schaffen. Wie sonst auch.«
Meine Kollegen ringsum klapperten immer noch an ihren Terminals. Ich war der einzige, der es wagte, Flexitime ernsthaft auszunutzen. Auf diese Weise würde ich bei Softech niemals Karriere machen, aber wen kümmerte das schon? Alles, was ich von denen brauchte, war ein regelmäßiger Scheck. Außerdem würde ich sowieso bald einen Weg finden, mein Ingenieurbüro wieder auf die Beine zu bringen. Ich nickte der Lacey kurz zu und steuerte den Parkplatz an.
Es war ein heißer Tag, Ende September. Trunken nach einem fetten Sommer brummten Hornissen um die Mülleimer. Mein Wagen war der protzigste auf dem Platz – ein schwerer schwarzweißer Buick, Baujahr '56, unten schwarz und oben weiß.
Die kleine Serena nannte ihn *Dadas Sattelschuh*. Ich hatte ihn kurz vor dem Zusammenbruch von Fletcher & Company gekauft, als Abschiedsgeschenk an mich selbst. Der Typ, von dem ich ihn hatte, hatte ihn der ursprünglichen Eigentümerin abgekauft, einer niedlichen alten Dame, die damit nur zur Kirche fuhr – ehrlich!
Als ich meinen guten alten Bomber aufschloß, sah ich irgend etwas Kleines drin rumschwirren. Bienen? Das größte Ding hockte geradewegs auf dem oberen Rand des plastikweiß bezogenen Lenkrads; war aber keine Hornisse. Etwas Merkwürdiges schwappte über mich hinweg, eine Woge – ein beklemmend stikkiges Gefühl, als hätte sich die Welt mit einemmal in eine gigantische Filmkulisse verwandelt.
Harry Gerber saß auf meinem Lenkrad. Er war knapp fünf Zentimeter groß. Auch auf dem Schalthebel saß eine Harry-Version, eine sehr viel kleinere Version. Und die winzigen Pünktchen, die auf dem Armaturenbrett hin- und herschossen – irgend etwas sagte mir, daß das eine Schar noch kleinerer Harrys war. Jeder von ihnen trug einen grauen Polyesteranzug, ein weißes Hemd, keine Krawatte. Oh, mein Gott! Wer außer Harry könnte das sein…?

Harry Gerber: das verrückte Genie, das bei Fletcher & Co den Erfinder gemimt hatte. Tolle Zeiten hatten wir miteinander erlebt, Harry und ich. Inzwischen hatte ich ihn jedoch schon über ein Jahr lang nicht gesehen. Er und meine Frau, Nancy, hatten einen Riesenzoff gehabt – wegen Überbevölkerung und Welthunger –, und danach hatten wir uns aus den Augen verloren. Er wohnte in New Brunswick, New Jersey, und ich wohnte zwanzig Meilen entfernt in Princeton.

Die kleine Gestalt auf dem Lenkrad begrüßte mich, indem sie mir mit ihrem winzigen Arm freudig zuwinkte. »Hey, Fletch! Ganz schön raffiniert, hä?« Er hörte sich an wie Micky Maus.

Ich blickte über meine Schulter, um zu sehen, ob von Softech jemand zuguckte. Umherschwirrende Hornissen und eine pralle, wohltuende Sonne. Ich stieg ins Auto und schloß die Tür. Den daumengroßen Harry nahm ich vom Lenkrad und setzte ihn aufs Armaturenbrett. Die kleineren Harrys bewegten sich gleichzeitig mit ihm mit. Sie standen alle in einer Reihe da und starrten mich an.

»Wozu all die Kopien, Harry?«

»Ich bin echt, und die andern sind Korrekturterme«, sagte das daumengroße Männchen. »Eine konvergente Folge von Resonanzen. Du hast *Die Katze im Hut kehrt zurück* gelesen, nicht wahr?«

»Yeah, ich hab's Serena zum Einschlafen vorgelesen.« Ich bemühte mich erst gar nicht zu erfahren, woher Harry das wußte.

»Du, ich muß an die Stelle denken, wo die Katze eine kleinere Katze in ihrem Hut hat, und die kleinere Katze hat eine noch kleinere Katze in *ihrem* Hut, und die noch kleinere Katze hat eine noch kleinere Katze, und so weiter, bis in alle Ewigkeit. Stimmt's?«

»Du bist 'n rationaler Mensch, Fletcher. Schau her!« Jeder der kleinen Harrys hockte sich neben den nächstkleineren. Der größte – der daumengroße Harry – steckte ein paar Finger in den Mund und versuchte einen gellenden Pfiff. Was dabei herauskam, war ein feuchtes Zischen. Aber genügte.

Der kleinste Harry, den ich ausmachen konnte, ein pünktchengroßer, hüpfte in die Jackentasche des nächstgrößeren, eines flohgroßen Harry. Der flohgroße Harry hüpfte in die Jackentasche des ameisengroßen Harry. Der ameisengroße Harry hüpfte in die Jackentasche des daumengroßen Harry. Sie fügten sich ineinander wie chinesische Schachteln. Ich fragte mich, wie viele Ebenen es gab.

»Gefällt dir das jetzt besser?«

»Es gefällt mir besser.«

»Willst du gar nicht wissen, wie ich... wie ich so geworden bin?«

»Ich schätze, du wirst es mir sagen... wenn du kannst.« Einer der frustrierenden Aspekte bei Harrys Erfindungen war, daß er selten wußte, wie sie funktionierten. Er glich darin einem genialisch-versoffenen Küchenchef, der niemals ein Rezept aufschrieb. Diese charakteristische Eigenart Harrys hatte es verhindert, daß Fletcher & Company jemals ein Patent auf irgendeine seiner Erfindungen bekommen hatte, und dies hatte schließlich dazu geführt, daß niemand mehr gewillt war, Verträge mit uns zu schließen.

»Ich brauche deine Unterstützung, Fletcher. Ich bin hierher zurückgekehrt, um mich zu vergewissern, daß du mich morgen wirklich besuchen wirst. Ich erinnere mich, daß du, als du mich morgen besuchtest, mich in deinem Auto klitzeklein gesehen hattest.«

Wirklich eine seltsame Mischung aus Zeitformen! Ich dachte einen Augenblick lang nach, dann fügte es sich zu einem Bild zusammen. »Du meinst, du bist aus der Zukunft? Du hast also das Zeitreisen erfunden?«

Der kleine Mann auf dem Armaturenbrett glühte vor Stolz. »Verglichen mit dem, was ich zu tun gedenke, ist Zeitreisen gar nichts. Ich bin Herr über Raum und Zeit, Fletch.«

Ich unterdrückte ein Lachen. Kurzbeiniger, fadenlippiger Harry... der König der Schöpfung? »Schreibst du das mit Großbuchstaben, Harry? HERR ÜBER RAUM UND ZEIT?«

»Da gibt's gar nichts zu lachen. Ich könnte dich auf der Stelle umbringen, wenn ich wollte. Aber du bist derjenige, der mich auf die Idee bringen wird, den Blanser zu bauen. Du mußt mich morgen besuchen. Ich bin in der Werkstatt. Morgen besorgen wir die Teile, und Sonntag abend bauen wir das Ding.«

»Ich nehme an, du willst Geld?« Ich sah mich im Auto um, darauf gefaßt, einen Holocaster zu entdecken. Dies konnte nur ein Trick sein.

»Geld? Soweit ich mich erinnere, nahmst du zweitausend von deinem Konto. Und du kannst aufhören, dich nach allen Seiten umzusehen, Fletcher. Das hier ist Wirklichkeit. Ich bin Herr über Raum und Zeit.«

»Beweis mir das. Tu irgendwas Übermenschliches. Versetz mich... versetz mich in eine unendliche Regression.«

»Ich wußte, du würdest das verlangen. Du bist so anal, Fletcher. Zuviel Mathematik. Hier, das kannst du anzünden, wenn du wieder heraus willst.«

Das kleine Figürchen warf mir etwas zu. Eine winzige Stange Dynamit, knallrot und mit einer dünnen, nicht glimmenden Zündschnur. Genau in diesem Augenblick passierte etwas Merkwürdiges mit der Zeit; es war, als zweigte sich meine Zeitspur von der Wirklichkeit ab. Anstatt mich im Gesicht zu treffen, blieb das Dynamit mitten in der Luft hängen, kaum daß es sich bewegte. Harry schrumpfte unterdessen und bewegte sich von mir weg in eine unbekannte Dimension. Ringsum wurde es dunkel, und Harrys Stimme war zu schwach und zu hoch, um sie noch verstehen zu können.

Dann war Harry gänzlich verschwunden, und die Welt wurde schwarz, schwärzer als die Nacht, nullphotonenschwarz. Ich tastete herum, fand den Zündschlüssel und schaltete die Scheinwerfer ein. Ich konnte nach draußen sehen, aber nicht erkennen, was ich da sah. Mein Wagen schien auf schwarzem Filz zu stehen, und vor dem Wagen befand sich eine weiche, horizontal gefurchte Wand. Mehr schwarzer Stoff war links von mir, und rechts eine Klippe und ein großer weißer Mast, der sich am Rand der Klippe steil in die Höhe reckte. Weißes Plastik mit talgartigen Rissen. Die Szene ergab überhaupt keinen Sinn.

Obwohl im Auto kein Licht brannte, war das Wageninnere beleuchtet. Ich blickte umher, um zu ergründen, wieso. Auf dem

Sitz neben mir stand eine Art Spielzeugauto, das maßstabgetreue Modell eines 1956er Buick mit voll aufgeblendeten Scheinwerfern. Die Scheinwerfer waren auf meinen cordbehosten Oberschenkel gerichtet. Es sah aus, als säße in dem kleinen Auto sogar ein winziger Fahrer. Ich wollte es anfassen, zog aber mit einem Aufschrei die Hand zurück.
In genau dem Augenblick, da mein Daumen die Panoramascheibe des Modellautos berührte, schoß eine gigantische Hand aus der Dunkelheit herab und preßte ihren schinkenförmigen Daumen gegen meine eigene Windschutzscheibe! Als ich meine Hand wegzog, tat der Riese dasselbe.
Ich beugte mich hinab, um in das Seitenfenster des Modellautos zu blinzeln. Drinnen war es ebenfalls hell, und ich machte eine überaus seltsame Entdeckung. Auf dem Beifahrersitz des Modellautos stand ein noch kleineres Modellauto. Und in das Fenster des kleineren Modells blinzelte eine daumengroße Kopie meiner selbst, Joseph Fletcher. Mir sträubten sich die Haare, als ich mir klarmachte, daß in mein eigenes Wagenfenster ebenfalls etwas hineinstarren mußte – das Auge eines gigantischen Joseph Fletcher.
In der Hoffnung, sein Auge zu sehen, wirbelte ich herum, aber der Riese drehte sich ebenso schnell wie ich. Alles, was ich sehen konnte, war seine riesige Wange. Er war herumgewirbelt, um aus dem Fenster *seines* Autos zu starren, dem riesigen Auto, auf dessen Beifahrersitz mein eigenes stand. Ich konnte an seiner Wange vorbei aus seinem Fenster blicken – dort draußen war der Kopf eines noch größeren Riesen, und so weiter und so fort – da immer größer, dort immer kleiner –, und das bis ins Unendliche. Ich war eingebettet in eine *doppelt* unendliche Regression. Warum, um alles in der Welt, hatte ich mich auf so etwas eingelassen? Und wie hatte Harry das fertiggebracht? Ich mußte da raus!
Ich stieß meine Wagentür auf, sprang heraus und fand mich auf dem Beifahrersitz des Riesenautos wieder. Als ich aus der Tür des Riesenautos blickte, konnte ich den Riesen sehen, der auf dem Beifahrersitz eines noch riesigeren Autos stand und auf den noch größeren Riesen hinausstarrte. Und indem ich in mein

eigenes Auto zurückblickte, konnte ich das kleine Modell auf dem Beifahrersitz sowie den daumengroßen Fletcher neben ihm entdecken, wie er den ameisengroßen Fletcher auf dem Sitz des Modellautos anstarrte. So schnell ich mich auch umwandte, es gelang mir nicht, mich selbst von Angesicht zu Angesicht zu sehen.

Ich warf mich wieder in meinen Wagen und drehte das Radio an. Statisches Knistern und dann eine Stimme, eine seltsam vertraute Stimme.

»**Die roten Gluonen funktionieren nur einmal**«, sagte das Radio.

»Hallo?« rief ich mit fragender Stimme. Der gigantische Fletcher draußen röhrte längs, und aus dem winzigen Auto auf dem Beifahrersitz kam das Piepsen des daumengroßen Fletcher: »Hallo?«

»**Nimm beim zweiten Mal blaue Gluonen**!«

»Bitte, hilf mir hier raus!«

»**Zünd die Zündschnur an**!«

Dann Stille. Eine Minute, dann schaltete ich das Radio ab. Und genau in diesem Augenblick prallte etwas von meiner Wange ab. Es war die Miniaturstange Dynamit, mit der Harry nach mir geworfen hatte – wie lange war das nur her? Die Zeit war heillos durcheinandergeraten.

Ich ergriff das Dynamit und rieb ein Streichholz an. Die größeren und kleineren Fletcher taten dasselbe. Ich entzündete die Zündschnur und schleuderte das Dynamit aus dem Fenster. Eine winzige, winzige Version flog aus dem Modellauto auf dem Sitz neben mir. Schützend hob ich die Arme vors Gesicht.

Die Dynamitstäbe gingen alle auf einmal in die Luft, und ich sah Sterne: Sterne wie in einem Comic und verschachtelte Spiralen. Als der Staub sich legte, war ich wieder da, wo alles begonnen hatte, ich saß an dem verrückten plastikweißen Lenkrad meines Buicks auf dem Parkplatz von Softech. Ein Rechteck aus Sonnenlicht lag auf meinem Schoß, schwer und nachdrücklich. Ich drehte den Zündschlüssel im Schloß und ließ den schweren V-8 aufheulen.

Mein amerikanisches Heim

Als ich in die Einfahrt einbog, war meine zweijährige Tochter Serena vor dem Haus damit beschäftigt, mit meiner Angelrute auf irgend etwas einzuschlagen. Sie hielt die Rute am dünnen Ende und schmetterte die Spule auf den Boden.

»Dada!« kreischte sie. »Haue Kribbel-Krabbelkäfer!« Irgendwas bewegte sich im Gras, und Serena holte mit meiner Angelrute weit aus, um dem Krabbeltierchen den Rest zu geben. Das Fiberglas zersprang, und das Ende mit der Spule flog in hohem Bogen durch die Luft und landete auf der blankgeputzten Kühlerhaube meines Buick.

Ich stieg aus und versuchte, in aller Seelenruhe an ihr vorbeizugelangen. Ich war absolut reif für mein Freitagnachmittagsbier. Aber Serena war zu flink für mich. Sie schlüpfte zwischen mich und das Haus.

»Böser Krabbelkäfer!« Sie wies mit der Spitze meiner zerborstenen Rute ins Gras. »Wollte Serena beißen!«

Ich seufzte und ging hin, um nachzusehn. Mit Insekten stand Serena auf Kriegsfuß. Ein böse zugerichteter Hirschkäfer lag zwischen den Halmen. Ich war erleichtert, daß es kein kleiner Harry war.

»Wo ist die Mami, Serena?«

»Mami hingelegt.«

»Warst du heute auch ein braves Mädchen?«

»Bäbby beiß.« Sie hielt mir ihre Hand hin, um mir eine winzige Verletzung an ihrem Zeigefinger zu zeigen.

»Das Baby von nebenan hat dich gebissen? Was hast du ihm denn getan?«

»Gespielt. Bäbby beißt. Mary Jo saubermacht.«
Mary Jo hieß die Frau von nebenan. Serena ging gern hinüber und ärgerte das Baby. »War Mary Jo böse auf dich?«
»Mary Jo saubermacht.« Sie zeigte noch mal ihren Finger. Die kleine Wunde sah sehr sauber aus.
»Wie lieb von Mary Jo, deine Wunde zu säubern. Hoffentlich hat das Baby nicht die Tollwut.« Ich tätschelte Serenas Kopf. Sie war wirklich ein kleiner Frechdachs... aber meiner. »Möchtest du ein Bonbon?«
»O ja!«
»Hier.« Ich fand ein Hustenbonbon voller Fusseln in meiner Hosentasche. »Und jetzt laß das Baby in Ruhe. Leg auch meine Angelrute weg.«
»Käfer weg.«
»Ich geh jetzt rein zu Mami, Serena. Sei schön brav.« Ich betrat unser armseliges Heim, in Gedanken immer noch bei dem, was Harry mir mitgeteilt hatte. Da könnte Geld drinliegen, eine ganze Menge Geld.
Ich fand Nancy mit einem Stapel alter *People*-Magazine und einem überquellenden Aschenbecher auf unserem Doppelbett ausgebreitet. Aus dem Nebenzimmer dröhnte der Fernseher in voller Lautstärke. Ich schloß die Tür.
»Mein Gott, Joey, ich habe solche Rückenschmerzen. Und Serena, heute morgen, sie...«
»Ich weiß, ich weiß... hab selber 'nen schweren Tag hinter mir. Gibt's Bier im Haus?«
»Könntest du mir nicht ein wenig den Rücken massieren?«
»Wenn du den Aschenbecher vom Bett nimmst... Du weißt, ich hab's gar nicht gern, wenn du im Schlafzimmer rauchst.«
»Warum kaufst du dann nicht eine Couch fürs Wohnzimmer? Ich hasse es, so zu leben. Genausogut könnten wir in einer Wohnwagenkolonie hausen.«
In der Anfangszeit unserer Ehe hatten wir ein sehr viel schöneres Heim. Aber das war draufgegangen, als Fletcher & Company dichtmachte. Das Haus, in das wir uns jetzt eingemietet hatten, war ein Drei-Zimmer-Reihenhaus mit niedriger Decke: zwei

Schlafzimmer und ein Küchen-Eß-Wohnzimmer. Blickte ich aus unserem Schlafzimmerfenster, so konnte ich dreiundfünfzig Häuser sehen, die alle so waren wie unseres (an einem Sonntagnachmittag hatte ich sie gezählt). Das Gebiet, in dem wir wohnten, war ein von Wäldern gesäumtes, trockengelegtes Sumpfgelände.
»Morgen werde ich Harry einen Besuch abstatten. Ich glaube, er hat 'ne neue Erfindung gemacht.«
»Gib ihm aber ja kein Geld, Joseph. Ich meine das ernst. Wir brauchen das Geld für unsere Weihnachtsreise.«
»Was für 'ne Reise?«
»Hörst du mir denn niemals zu, wenn ich was sage?«
»Also, ich hol mir erst mal 'n Bier. Willst du auch eins?«
»Und was ist mit meinem Rücken?«
Nancy lag auf dem Bauch. Ich hockte mich vorsichtig auf ihre Beine und fuhr mit den Fingern ihr Rückgrat entlang, auf und ab, auf und ab. Sie fühlte sich zierlich und zerbrechlich an und verströmte einen wohltuenden Duft. *Meine* Frau.
»Es tut mir leid, daß ich so viel jammere, Joey. Wenigstens haben wir genug zu essen. In Mexiko gibt's mal wieder 'ne schreckliche Hungersnot. Wußtest du das?«
Dem Essen gegenüber hatte Nancy merkwürdige Komplexe. Sie engagierte sich gegen den Hunger in der Welt, arbeitete bei entsprechenden Komitees mit und sammelte Geld. Sie selbst aß trotzdem reichlich zügellos. Schien aber irgendwie nie zuzunehmen.
»Nein, das wußte ich nicht. Heute nachmittag, als ich zu meinem Buick auf den Parkplatz ging, geschah was wirklich...«
Jemand versuchte die Schlafzimmertür zu öffnen. Serena.
»Nur einen Moment, mein Mäuschen! Ist Dir jetzt besser, Nancy?«
»Ein bißchen. Könntest du nicht was mit Serena unternehmen? Sie war einfach furchtbar. Heute morgen ging sie zu den Nachbarn und steckte dem Baby ihre Hand in den Mund. Das Baby hat erst einen Zahn, aber es biß Serena, und Serena kriegte einen Anfall. Mary Jo mußte sie zu uns rübertragen.«

»Ein Frechdachs...«
»Oh, sei aber bitte nett zu ihr. Als ich klein war, war ich genau wie sie.«
Unfähig, den Türknauf zu drehen, begann Serena gegen die Tür zu treten. »Dada! Dada! Dada! Dada!«
»Ich komm ja schon. Mach die Tür nicht kaputt!«
Als ich die Tür öffnete, zeterte Serena und machte sich wie der Blitz davon. Ich folgte ihr in die Küche und ließ die erste Dose Bier zischen. Eines mußte man Nancy lassen, sie achtete stets darauf, daß der Kühlschrank gut gefüllt war. Ich inhalierte das erste Bud und ging ein zweites an. Diese Regression, das paßte mir gar nicht in den Kram. Irgendwie hatte das außerhalb der Zeit stattgefunden. Ich fragte mich, was wohl passiert wäre, hätte ich dem daumengroßen Fletcher den Hals umgedreht. Der Riese hätte mit mir dasselbe getan... natürlich! während er selbst erwürgt wurde... au, au, au! Spiegelsaal... Harrys Schuld... Herr über Raum und Zeit. Ich würde fünf Millionen verlangen.
Ich schlug das Telefonbuch auf und suchte unter

Apparatebau, Service und Reparatur.

Als Harrys Eltern vergangenen Winter gestorben waren, hatte er ihr Geschäft übernommen. Gesehen hatte ich den Laden noch nicht. Die Eintragung im Telefonbuch war typisch Harry:

Nicht denken wir denken nicht nicht
denken nicht
Robotik und Gerätereparatur
Gerber Kybernetik
Zwanzig Jahre am gleichen Ort
Ja, wir akzeptieren Barzahlung!
824-1301 501 Suydam St.
New Brunswick

Kybernetik. Das war ein Wort, über das Harry und ich uns immer kaputtgelacht hatten. Kein Mensch wußte, was es bedeutete, nichts als ein verrückter Begriff, den Norbert Wiener sich ausgedacht hatte. Gerber Kybernetik. Ich wählte die Nummer.

»Hallo?« Eine etwas zitterige Omastimme.

»Hier ist Joseph Fletcher. Kann ich Mr. Gerber sprechen?«

»Ich hole ihn. *Haaaaaaaary*!« Schritte wurden hörbar, Glas zersplitterte, ein saftiger Fluch, dann Geschrei. Die Person am andern Ende warf den Hörer runter, hob ihn wieder auf.

»Hallo?«

»Harry! Was bietest du?« Ich senkte die Stimme, damit Nancy mich nicht hören konnte. »Zwei Tausender liegen bei mir drin, mehr aber nicht.«

»Wer spricht da?« Harry klang verwirrt. Im Hintergrund immer noch das Gezeter der Omastimme.

»*Wer spricht da*? Was glaubst du wohl, wer da spricht? Du Raumflugkadett...«

»Spricht da Jo Fletcher?«

»Ich soll doch morgen vorbeikommen, stimmt's?«

»Samstags haben wir von zehn bis fünf geöffnet.«

»Ich werde zeitig kommen, und wir können gemeinsam Mittag essen. Wie richtige Geschäftsleute. Hast du für das Ding irgendwelche Schaltpläne?«

»Willst du, daß ich irgendwas erfinde?«

»Ich dachte, du hättest das schon. *Herr über Raum und Zeit*, oder nicht?«

»Ich weiß nicht, wovon du redest, Fletch. Bist du betrunken?«

So kam man nun wirklich nicht weiter. Wenn die kleinen Harrys aus der Zukunft gewesen waren, dann wußte er vielleicht *wirklich* nicht, wovon ich sprach. »Du wirst Herr über Raum und Zeit sein«, erklärte ich. »Ich will fünf Millionen Dollar.«

»Bleib mal dran.« Im Hintergrund hörte man Stimmen. »Ja. Madame, es ist fertig. – Fletcher, ich muß jetzt auflegen – Kundschaft. Bis morgen dann!«

Serena war mir während des Gesprächs auf den Schoß geklettert. Sie war so klein, wie das eben noch möglich ist, wenn man schon laufen kann. Ich gab ihr einen Schmatz auf ihre kleine speckige Wange. »So ’n richtiger Frechdachs bist du nun auch wieder nicht, stimmt’s?«

»Dada-Hand.« Sie legte ihr Patschhändchen wie einen Seestern auf meinen Handteller. »Serena-Hand!«

Ich blickte mich in unserer schäbigen Wohnung um. Alles Plastik, haufenweise Wäsche, und immer lief der Fernseher. Ich wünschte, ich hätte bessere Möbel gekauft, als ich noch das Geld dazu hatte. Nancy und Serena verdienten was Besseres als dies hier.

Der Bauer und die Wurst

Der Samstag war kühl und regnerisch. Ich fuhr bei meiner Bank vorbei und dann weiter nach New Brunswick. Harrys Werkstatt befand sich in einem heruntergekommenen Viertel in der Nähe des Bahnhofs. Auch gab's dort eine Busstation und gleich daneben eine Kneipe, die Terminal-Bar. Ein paar endstationsmäßige Typen zockelten im Regen vorbei, einer von ihnen offensichtlich völlig verkabelt. Er war so hinüber, daß er eine mechanische Gehhilfe benutzte. Man konnte unter seinem Mantel die Ausbuchtung seines Schrittmachers erkennen.

»Wo ist'n Gerber Kybernetik, Mann?« fragte ich.

»Gag-ga-bag-ga? Do-dort drü-üben. Mann.«

Der Laden hatte ein großes Tafelglas-Fenster, ein Schaufenster voller Gerümpel: eine Plastikkröte mit einer Krone auf dem Kopf, eine alte Keksdose, auf deren Seitenwände Städtelandschaften gemalt waren, einen total veralteten Kalender mit Pin-up-girls von der Werkzeugfabrik, Rigid, eine orientalische Lampe, ein paar Blumentöpfe mit schlaffem Grünzeug, ein zusammengerolltes orangefarbenes Verlängerungskabel sowie ein Terrarium mit einer bösartig dreinblinzelnden Eidechse. Ich hockte mich hin, um die Eidechse besser sehen zu können. Sie sah aus wie ein Miniatur-Godzilla, mit kräftigen Hinterbeinen und langgestreckter zahnbesetzter Kinnlade. Das Tierchen machte den Eindruck, als sei es kürzlich in einen Kampf verwikkelt gewesen, als litte es Schmerzen.

Die Buchstaben **Gerber Apparatebau** zogen sich in einem Bogen über die Schaufensterscheibe, wobei von dem **Apparatebau** nur noch ein blasser, abgekratzter Schatten übrig war. Darüber war

mit groben Pinselstrichen der neue Name gemalt: **Kybernetik**. Ich öffnete die Tür und trat ein und fühlte mich wie ein Zwölfjähriger, der seinen besten Freund besuchen kommt, um mit dessen Modelleisenbahn zu spielen.
Den vorderen Teil des Raums nahm ein hüfthoher Ladentisch ein. Dahinter befand sich eine Trennwand, die die eigentliche Werkstatt im hinteren Teil des Hauses abschloß. Hinter dem Ladentisch stand ein Roboter, der mich von oben bis unten musterte. Es war ein Allzweck-Q-89, der mit dem granatförmigen Kopf und langen, schlangengleichen Armen.
»Was können wir für Sie tun?« Der Roboter war programmiert, wie eine freundliche alte Dame zu klingen. Am Telefon hatte ich mit ihr gesprochen.
»Ich bin Joe Fletcher. Mr. Gerber erwartet mich.«
»Nennen Sie mich einfach Antie«, sagte der Roboter. »A-N-T-I-E. Harry ist hinten.«
»Danke, Antie.«
Sie – der Stimme nach mußte man Antie für eine Frau halten – trat zur Seite, und ich ging durch die Tür hinter dem Ladentisch. Hinten drin befand sich eine ganz normale Werkstatt – Regale mit elektronischen Bauteilen, an einer Wand hingen Werkzeuge, dazwischen standen und lagen eine Reihe teilweise auseinandergenommener elektronischer Geräte. Der penetrante Harzgeruch von Lötmetall hing in der Luft. Ich fühlte mich sogleich wie zu Hause.
Harry blickte von seiner Arbeit an einem Robotertorso auf und lächelte mir zu. »Fletcher! Mensch, ist das lange her!«
»Viel zu tun, Harry; der Job, meine Frau. Gut, dich wiederzusehen.« Ich blickte mich in seiner vollgestopften Werkstatt um. »Dies ist also der Gerbersche Familienbetrieb, was? Wirft er denn was ab?«
»Naja, es geht so. Aber langweilig ist's. Ich bin hier ganz allein, bis auf Antie.«
»Wieso redet sie wie 'ne alte Frau?«
»Das hat meine Mom gemacht, sie programmierte Anties Stimme und Gebärden wie ihre eigenen... bevor sie starb. Eigentlich

wollte ich das schon immer mal ändern, aber, ich weiß nicht, irgendwie ist es sogar beruhigend.« Harry seufzte und legte den Lötkolben beiseite. »Aber, wovon um alles in der Welt hast du am Telefon geredet? Herr über Raum und Zeit...?«

Bevor ich es ihm erklären konnte, unterbrach uns Antie.

»Möchten Sie auch ein wenig Suppe, Dr. Fletcher?« Der Roboter kam mit zwei dampfenden Schüsseln sämiger Linsensuppe auf einem Tablett in die Werkstatt geschlurft.

»Nun... eigentlich hatte ich vor, Harry zum Essen einzuladen.«

»Ausgehen könnt ihr immer noch. Das wird mich nicht weiter kränken, bin ja nur eine Maschine. – Wollt ihr einen Löffel Quark dazu, Boys?«

»Quark?« fragte ich zurück.

»Quark!« bestätigte Harry und lachte kurz auf. »Aber nicht das Partikelchen... *Quark* ist ein deutsches Wort und bezeichnet was Yoghurt-Ähnliches. Bei uns zu Hause benutzten sie es für *Sauerrahm*. Linsensuppe und Sauerrahm, weißt du, bei uns in Ungarn ist das etwas ganz Besonderes. Probier mal, schmeckt köstlich.«

»Na gut.«

Antie stellte die Suppe mit Quark auf den Tisch und ging auf Harrys Bitte in die Terminal-Bar, um Utz-Brezeln und Blatz-Bier zu holen. Währenddessen erstattete ich Harry einen detaillierten Bericht über meine gestrigen Erlebnisse. Was ihn am meisten interessierte, war die Tatsache, daß er mir, als er in der Zeit zurückreiste, nur knapp fünf Zentimeter groß vorgekommen war.

»Also hatte Fred Hoyle, dieser englische Astrophysiker, recht«, triumphierte er. »Alles ist im Schrumpfen begriffen.«

»Nichts ist im Schrumpfen begriffen, Harry. Ich bin jeden Tag gleich groß!«

»Das denkst *du*... dabei schrumpfen dein Haus, dein Auto, deine Frau... alles im Universum schrumpft, und zwar mit gleicher Geschwindigkeit. Deshalb scheinen die entfernteren Milchstraßensysteme auch immer weiter weg zu liegen. Ich habe mich schon lange gefragt, wie man das auf die Probe stellen könnte; aber jetzt...«

»Zeitreisen!« stieß ich hervor. »Langsam komm ich dahinter: Wenn jetzt alles kleiner ist, als es gestern war, dann bin ich, wenn ich in der Zeit zurückspringe ins Gestern, viel kleiner als die Leute dort.«

»Genau so ist es, Fletch. Deshalb war der zeitreisende Harry, dem du gestern begegnetest, so klein. Er war aus der Zukunft. Und andersherum wäre es dann... genau das Gegenteil.«

»Du meinst, wenn es uns gelingt, irgendwas ein paar Tage zeitlich nach vorn zu schaffen, dann käme es – scheinbar – *rie*-sig dort an.«

»Meine Worte.« Harry strahlte mich an, wir waren in unserem Element. »Du sagst, ich nannte den Apparat einen ›Blanser‹?«

»Stimmt genau. Einen Blanser. Du sagtest, wir bauten ihn, und er machte dich zum Herrn über Raum und Zeit.«

»Blanser... auch das Wort gefällt mir... Sagte ich, *wann* wir ihn bauten? oder *wie*?«

»Wir bauen ihn morgen und heute besorgen wir die Teile. Du meintest, wenn ich dich heute besuchen käme, wüßtest du, was wir zu tun hätten. Allein die Tatsache, daß es dir gelang, aus der Zukunft zurückzukehren, heißt doch, daß der Blanser funktionieren wird, oder?«

»Well... ja... Der Gedanke, Raum und Zeit zu kontrollieren... das ist übrigens was, mit dem ich mich in letzter Zeit reichlich beschäftigt habe. So, wie ich das sehe, geht's ganz einfach darum, den Wert des Planckschen Wirkungsquantums um viele Größenordnungen zu erhöhen.«

»Da hast du also dran gearbeitet?«

»Naja, gearbeitet...« Harry lächelte ein schiefes Lächeln und verfiel in Schweigen. Und dann erst wurde mir klar, daß es ihm unmöglich gewesen war, ohne mich wirklich daran zu arbeiten. Was für eine Schande, daß wir uns wegen Nancy aus den Augen verloren!

»Hast du bereits irgendwelche konkreten Experimente durchgeführt?«

»Nein, dazu hatte ich einfach nicht die Energie. Es ist alles so seltsam: Erst habe ich Ideen, und dann beschließen die Ideen, in Wirklichkeit umzuschlagen. Der Blanser schickt mich in der Zeit zurück, um *dich* dazu zu bringen, *mir* beim Bau des Blansers zu helfen. Eine geschlossene Kausalschleife... Wo aber kam er her?«
»Vielleicht von Gott. Oder aus 'ner anderen Dimension. Willst du mir sagen, daß du wirklich weißt, wie man einen Blanser baut?«
»Wenn du's genau wissen willst, ich habe letzte Nacht davon geträumt. Ich träumte, daß du's mir erklärt hättest. Ein verdammt lebhafter Traum noch dazu...« In Gedanken versunken starrte Harry ins Leere. »Das Zubehör wird einiges kosten«, sagte er dann. »Du hast nur zweitausend?«
»Das ist alles, was ich habe. Ich schufte und schufte, und die Ersparnisse wollen nicht mehr werden. Es ist schrecklich, Harry, einen richtigen Job zu haben. Die behandeln einen, als wäre man ein... ein Nichts. Ich bin bereit, alles auf dich zu setzen.«
»Nun... danke, Fletch. Ich bin ganz gerührt. Mit deiner Hilfe wird der Blanser vielleicht funktionieren. Das Plancksche Wirkungsquantum, weißt du, ist ein Maßstab, mit dem die Wirkung des Betrachters aufs Universum gemessen wird. Wenn ich den Wert der Planckschen Konstanten in meinem Körper steigern kann, und sie nur vorübergehend vergrößert bleibt, dann wird die Welt zunehmend mehr so aussehen, wie *ich* das will.«
»Hier ist euer Bier, Jungs.« Antie kam von ihrem Einkauf zurückgeschlurft.
Wir machten jeder eine Dose auf. Ich nahm einen langen Zug und stieß einen Seufzer tiefster Zufriedenheit aus. »Ein verregneter Samstag, ein kühles Bier... was will man mehr. Das nenn ich Leben, Harry. Und keine Weiber, die einen stören. Nancy und Serena...«
»Ist ganz schön hart, was? Aber, alleine leben ist auch nicht das Gelbe vom Ei.«
»Wie sieht's denn bei dir mit Frauen aus?«
»Mit einer treffe ich mich manchmal. Sie studiert am hiesigen

Seminar für Wissenschaftlichen Mystizismus. Ein einfaches Mädel, aber sehr amüsant. Letzte Nacht war sie hier. Ich wollte nur, ich könnte sie dazu bringen, aufzuhören, ständig vom lieben Gott zu quatschen.«

»Wie heißt sie denn?«

»Sondra Tupperware. Sondra mit *o*.«

Ich brach in Gelächter aus. Der Name war zu komisch, als daß man ihn hätte glauben können. »Du verlogene Kröte. Ist überhaupt irgendwas von dem, was du mir vorgeträllert hast, wahr gewesen...?«

»Absolut alles. Du hast doch mit eigenen Augen gesehen, wie ich aus der Zukunft zurückkehrte!«

»Kein Mensch heißt Tupperware...«

»Willst du sie anrufen?«

»Gib mir lieber noch 'n Bier und erzähl mir, was dieser Blanser deiner Meinung nach noch alles fertigbringen kann.«

»Über die technischen Einzelheiten werden wir später reden. Die Hauptsache ist, daß er mich zum Herrn über Raum und Zeit macht. Zumindest eine Weile lang. Und alles, was ich mir wünschen werde, wird eintreffen.«

»Und ich? Komm ich auch mal dran?«

»Klar. Erst ich, dann du.«

»Es wird besser sein, so«, bemerkte ich. »Auf diese Weise kann ich wieder hinbiegen, was du vermasselst.«

»Wie ›Der Bauer und die Wurst‹...« sinnierte Harry. »Kennst du die Story?«

»Nee.«

»Also, es war mal 'n Bauer, der findet 'n kleines Männchen, das sich in einer Brombeerhecke verfangen hat. Er befreit das Männchen, und das Männchen sagt, ›Weil du mir geholfen hast, gewähre ich dir drei Wünsche. Geh behutsam damit um!‹ Der Bauer eilt also nach Hause und bespricht sich mit seiner Frau. Ein langes Hin und Her, was sie sich wünschen sollen. Sie reden und reden, und die Essenszeit rückt näher, und die Frau war zu beschäftigt, um was zu kochen, und hat auf einmal 'nen Riesenhunger. ›Ich wünschte, ich hätte eine richtig knackige Wurst!‹

platzt sie heraus, und schon liegt vor ihr auf dem Tisch eine knusprige Bratwurst. ›Mein Gott, was bist du dumm!‹ schreit der Bauer, außer sich vor Zorn. ›Ich wünschte, die Wurst würde an deiner Nase sitzen.‹ Und schon steht die arme Frau da und hat die Wurst im Gesicht.«

»Und der dritte Wunsch geht dabei drauf, die Wurst wieder von der Nase zu wünschen. Stimmt's?«

»Ja. Da hatten sie nun drei Wünsche... und alles, was dabei herauskam, war 'ne Wurst...«

»Aber der Blanser, der erfüllt dir doch mehr als drei Wünsche, oder?«

»Er wird mir alles erfüllen, alles, was ich will – aber nur für einen begrenzten Zeitraum. Eine Sitzung mit dem Blanser ist wie 'n einziger Riesensuperwunsch.«

»Könntest du dir nicht... nicht unendlich viele Wünsche wünschen?«

»Ich glaube nicht. Man muß sich schon was Konkretes wünschen.«

»Und was wird das sein, Harry?«

Harry lächelte und rieb sich das Gesicht. »Da wird's schwierig, findest du nicht auch? Dir werd ich Geld beschaffen... ich weiß, da bist du hinterher. Und...«

»Du sagst es«, warf ich ein. »Fünf Millionen Dollar.«

»Gut. Und ich wünsche mir, daß Sondra hübscher wäre. Und ich wünsche mir, daß der Blanser funktioniert. Und... ich weiß nicht. Ich wünschte, ich hätte ein aufregendes Abenteuer zu bestehen. Wünsche aus dem Unterbewußten zählen übrigens auch. Das bedeutet, daß...«

»Versuch aber, das große Abenteuer in einem anderen Universum zu erleben«, schlug ich vor. »Damit unsers nicht völlig draufgeht dabei.«

»Das hört sich vernünftig an. Ich werde mir 'ne magische Tür in eine andere Welt wünschen, und wir können dann 'ne Zeitlang dort leben.«

»Hey, Harry! Bei mir hat's gefunkt!«

»Dann wollen wir mal einkaufen!«

Stars 'n' Bars

Den Laden überließen wir Anties Obhut und fuhren in meinem Buick davon. Ohne daß Harry es mir zu sagen brauchte, wußte ich, wohin wir unterwegs waren: zu Jack McCormack und seinem Stars 'n' Bars Surplus-Store.

Harry reichte mir eine Brezel und ein geöffnetes Bier.

»Utz und Blatz, Fletcher… kaum zu fassen!«

»Tzzzz.«

Wir befanden uns auf einem unglaublich dicht umbauten Highway, dessen Fahrbahnen weit auseinanderlagen. Jede Menge Schlaglöcher und leichter, aber zügiger Verkehr. Die Regierung hatte jegliche Geschwindigkeitsbegrenzung aufgehoben, im Versuch, den Treibstoffverbrauch anzukurbeln.

Ein Gewerbebetrieb reihte sich an den anderen, nicht nur zu beiden Seiten des Highways, sondern auch auf voller Breite des weiten Mittelstreifens. Ein solch dichtes soziales Gewebe verlangt nach einem gewaltigen Verkehrsfluß, um es zu nähren; einen Fluß, der in diesen Zeiten wirtschaftlicher Depression nicht länger verfügbar war. Viele der Geschäfte standen leer. Zwielichtige Unternehmen huschten in die verlassenen, mietfreien Höhlen hinein und hinaus wie Fische in ein Korallenriff.

COSMO FLEXADYNE!
PERSONA SCREAM-FLASH!
BLUT & ORGANE. AN- & VERKAUF!
FETISCH-MEGAMARKT!
ETHISCHE REPROGRAMMIERUNG!
FLEISCH-FISCH!

NORD-JERSEY'S EINZIGER HUNDE-SCHLACHTER!
EXKREMENTE-THERAPIE!
HAUT-HEMDEN – HERSTELLUNG ODER VERZEHR!
SANDSACK-BOXEN!
STARS 'N' BARS SURPLUS!

»Da ist es!«
Wir kurvten auf den weiten Hof eines ehemaligen TWO GUYS-Discount-Centers. Das Gebäude war ein verwitterter gelber Würfel, dessen Frontseite mit einer halben amerikanischen Flagge bepinselt war. Vorm Eingang lungerten ein paar Roboter herum und schoben Wache. Der Besitzer, Jack MacCormack, war ein versprengter Rotnacken und zutiefst mißtrauisch Stadtbewohnern gegenüber.
Als wir vorfuhren, hatte Jack hinter den Glastüren gestanden und dem Verkehr zugeschaut. Als er aber Harry und mich erkannte, drehte er sich um und verschwand in den düsteren Tiefen seines Imperiums.
»Was wünnn-schen Sie. Bitt-te«, schnarrte einer der Roboter, ein breitschultriger K-88, dem man eine UV-Strahlenkanone an den Arm montiert hatte.
»Joseph Fletcher und Harry Gerber beim Einkaufsbummel. Jack kennt uns.«
»Nnnnein. Sie werr-den das Gelänn-de verlassen.«
»Mal halblang, MacCormack!« brüllte Harry. »Sie erinnern sich doch bestimmt an uns. Wir bauten diese Strahlenwaffe für General Moritz. Das Ding, mit dem sich Wasser radioaktiv verseuchen läßt.«
Eine unserer weniger erfolgreichen Erfindungen. Harry hatte die Baupläne für das Vorführmodell verloren, und wir waren nicht in der Lage gewesen, den Verlust zu ersetzen.
»Nnnnein«, schnarrte der Roboter und hob seine Strahlenkanone: »Das warr die lettz-te Warr-nung.« Der Strahlenpuster sah verdammt tückisch aus: so was wie ein kompakter Industrielaser mit einem Superhet-Kasten hintendran.
»Wir haben *Cash*!« schrie ich. »Zweitausend Dollar *Cash*!«

»Warum hapta das nich gleich gesacht?« Bei Stichwort Geld schaltete das Sprechgerät des Roboters um auf McCormacks jetzt aufgeregte, ansonsten schleppende Redeweise. Der Roboter beeilte sich, uns die Türen zu öffnen. »Ihr Boys schuldet Stars 'n' Bars noch 'ne ganze Stange Geld.«
»Stimmt haargenau«, räumte ich ein. »Fünfhundert, war's nicht so?«
»Allmächtiga! Machen wir dreihunnert raus!« Jack McCormack trat hinter ein paar gigantischen Kabelrollen hervor. »Voraussetzung is, ihr Kerls laßt wirklich zwei Tausenda da.« Er war ein ledriger kleiner Wicht mit harten, blauen, kalten Augen.
»Ooch, mehr als das werd'n wir schon ausgeben«, sagte Harry forsch. »Obwohl Sie sich im klaren sein sollten, McCormack, daß Fletcher & Company unter das Konkurs-Notstands-Gesetz, das KNG von '95 fällt, wonach alle Ansprüche, Schulden oder Sonstiges gegen obengenannte Firma rechtsungültig und erloschen sind.«
»Du häßliche alte Kröte. Ich wette, du bist' n Ausländar – hapich recht?«
»Amerikaner ungarischer Herkunft. Und im Gegensatz zu Ihnen jemand, der die englische Sprache ausgezeichnet beherrscht.«
Als ich die beiden kleinwüchsigen Kerle, der eine dick, der andere dünn, so betrachtete, wie sie sich zornig anfunkelten, mußte ich lachen. »Schau her, Jack.« Damit öffnete ich meine Brieftasche. »Echtes Geld. Hol den Laster.«
McCormack hatte einen Kleinlaster, mit dem man in seinem riesigen Laden herumkarren konnte. Zu dritt zwängten wir uns ins Führerhaus, ich in die Mitte.
»Als erstes brauchen wir einen GST«, sagte Harry.
»Großer Gott!« brach's aus mir heraus. »Wozu denn das?«
Der GST – oder Goldschußtisch – war Anfang der neunziger Jahre, als die Todesstrafe ein glänzendes Comeback erlebt hatte, ein weitverbreitetes Exekutionsgerät gewesen. Ein GST sah aus wie eine Patientenschleuder, ein Krankenbett auf Rädern, das man mit einer Reihe bestimmter Servo-Mechanismen versehen hatte. Der GST war so was Ähnliches wie ein mechanischer Dr.

Sensenmann und so konstruiert, daß er Delinquenten tödliche Injektionen ins Gehirn verpaßte. Wer sich auf den GST legte, legte sich auf den Bauch einer schwarzen Witwe, und die Nadel krachte mitten durch die Schädeldecke. Das Entscheidende war damals gewesen, daß diese Vorrichtung die Skrupel der amerikanischen Ärzteschaft hinsichtlich der Sterbehilfe zu zerstreuen geholfen hatte. Inzwischen war die Todesstrafe aber wieder abgeschafft worden.

»Alles da«, sagte McCormack. »Alles aufm Laga. Neu oder gebraucht? Gebraucht is teura – die Leute wolln sie für Parties hamm.«

»Guter Gott! Einen neuen natürlich!«

»Hab noch 'n oginalverpacktn. Gang Numma Neun.« Mächtige Stapel glänzender Maschinenteile glitten im Licht unseres Lasters vorüber. Ein paar schwere Roboter stampften hinter uns her, bereit, beim Aufladen zu helfen.

»Eine große Vakuumpumpe«, sagte Harry, »und einen begehbaren Kühlschrank.«

»Alles da, alles da.«

»Dreißig Quadratmeter Kupferfolie.«

»A-hah.«

»Eine materiegetriebene Mikrowellenhöhlung.«

»'s hat eine im Angebot.«

»Eine konische Spule«, sagte Harry. »Und zwei Meter Subätherwellenleiter.«

»Jawoll, Sir!«

»Und das Wichtigste – eine Magnetflasche mit zweihundert Gramm roten Gluonen.«

»Da trällert der junge Tag!«

»Und das wär's.«

»Übertrifft er sich nich selbst?« fragte mich McCormack. »Manche von diesn Polacken sind mächtig gescheit. Hapich recht oder nich?«

Es dauerte nicht lange, und wir hatten alles an die Kasse gerollt. McCormack spielte auf seinem Taschenrechner. »Ich vermach's euch für zeehntausend Dollar.«

»Mach keine Witze.«
»Die Gluonen… die machen's teuer. Besonders die roten.«
»Zahl's«, drängte Harry. »Wenn ich erst mal geblanst bin, kriegen wir's wieder rein.«
»Geblanst?« erkundigte sich McCormack und blinzelte mißtrauisch Harry an.
»Wenn ich erst mal geblanst bin, werde ich die Realität kontrollieren«, erläuterte Harry. »Ich beschaff dir alles Geld der Welt.«
»*Alles* Geld willich nich. Ich will zeehntausend Dollar.«
»Sehn Sie, Mr. McCormack… alles, was ich dabei habe, sind zweitausend Dollar. Kann ich Ihnen über den Rest nicht 'n Scheck ausstellen?«
McCormack bog den Kopf zurück und lachte. Auf seinem Hühnerhals zeichneten sich die Sehnen ab.
»Oder wären Sie lieber Teilhaber?« bot ich an. »Wir geben Ihnen ein paar Kapitalaktien.«
McCormack überschlug sich fast vor Lachen. Nicht gerade ein angenehmer Sound.
Harry hatte sich ein paar Schritte entfernt und kontrollierte noch mal unser Einkaufsprogramm, jetzt kam er wieder rüber.
»Laß uns mal kurz zum Auto rübergehn, Fletcher. Mir ist gerade was eingefallen.«
»Ich hoff, ich hap das ganze Zeux nich umsonst nach vorn geschafft!« jammerte McCormack.
»Wir sind gleich zurück«, versicherte Harry. »Ich glaub, wir haben noch was Geld im Auto.«
McCormacks Wachroboter zockelten hinterher zu meinem Buick. »Hast du Geld hier draußen gelassen?« fragte ich Harry. »Wieso hast'n mir das nicht gesagt?«
»Nun ja… mir ist gerade eben erst eingefallen, daß… vielleicht… Als ich gestern aus der Zukunft zu deinem Wagen zurückkehrte, könnte ich doch Geld herbeigezaubert und es unter deinem Sitz versteckt haben. Das wäre doch das nächstliegende, oder?«
Ich schloß den Wagen auf und griff unter den Fahrersitz. Na

bitte: ein dickes Bündel Scheine – achttausend Dollar dick, genau das, was wir brauchten.
»Wenn die Scheinchen aus der Zukunft sind, warum sind sie dann nicht ganz klein?« fragte ich Harry. »Wie *du* auch.«
»Ich machte sie einfach groß genug, das ist alles. Ist doch klar: Herr über Raum und Zeit!«
Verdutzt starrte ich ihn an. »Wieso konntest du'n nicht gleich die ganzen zehntausend machen? Wieso mußte ich mit meinen letzten zweitausend rausrücken?«
»Du hast dein Geld aus freien Stücken angeboten, Fletch. Du hängst genauso mit drin wie ich.«
Ich stieß einen tiefen Seufzer aus und trug unser Geld zu Jack McCormack hinein. »Zehntausend, stimmt's?«
»Zeehntausend und die dreihundert von damals.«
Mit einemmal platzte mir der Kragen. Die Tatsache, daß ich achttausend Dollar in meinem Wagen gehabt hatte, ohne es zu wissen, kam mir voll zu Bewußtsein.
»Behalt den Plunder, Jack.« Ich wandte mich zum Gehen und verspürte den unwiderstehlichen Drang, mit der ganzen Knete zu Nancy zurückzukehren und diese zwei Zwerge aus meinem Leben zu streichen.
»Mal sachte«, krähte McCormack. »Die fünfhunnert lassn wa steehn, Jungs. Un-und wißt ihr, was? Ich liefer euch die Warn frei Haus.«
»Gib ihm den Zaster, Fletch. – Bringen Sie's zu Nummer 501, Suydam, McCormack. **Gerber Kybernetik**. Die Einfahrt ist hinten.«

Godzilla begegnet dem Krötenmann

»Laß uns den Jersey Turnpike nach Hause nehmen«, schlug Harry vor. »Das geht schneller.«

»Okay, und gib mir noch 'n Bier.« Inzwischen war ich wieder obenauf. »Dieser Blanser wird funktionieren, da bin ich ganz sicher. Ich mein, du gehst einfach mal in die Zukunft, kommst zurück und hast achttausend Dollar in der Tasche! Ist doch phantastisch!«

»Eines gibt's da noch... bei der Zeitreiserei.« Harry räusperte sich. »Wahrscheinlich verlangt die Sache nach einem Gegengewicht. Aktio gegen Reaktio; du verstehst?«

»Wie meinst du das?«

»Ich meine, wenn ich von der Zukunft in die Vergangenheit reise, dann muß auch irgendwas von der Vergangenheit in die Zukunft reisen: Um einen Ausgleich zu schaffen. Wenn ich einen Satz zurück mache, zurück zum Freitagnachmittag, dann muß ich wahrscheinlich auch irgendeinen Organismus ein paar Tage nach vorn springen lassen.«

»Also, wenn du beispielsweise ein Tier zeitlich nach vorn katapultierst, dann wird es einem riesengroß erscheinen«, führte ich Harrys Gedanken zu Ende.

»Ja, genau. Jeder Gegenstand im Universum ist im Schrumpfen begriffen, wenn also irgendwas ein paar Tage überspringt, wird es uns enorm groß vorkommen. – Hast du jemals Godzilla-Filme gesehen, Fletch? Den mit der Riesenechse zum Beispiel?«

Ich warf Harry einen fragenden Blick zu. Sein Gesicht: die reine Unschuld. Ich wollte was sagen, ließ es aber bleiben. Er wollte mich wohl nur auf die Schippe nehmen.

Der Fahrbahnbelag des Jersey Turnpike befand sich heute mal in akzeptablem Zustand. Ein Porsche überholte uns mit gut und gern zweihundert Sachen. Er zog eine lange undurchdringliche Sprühwasserwolke hinter sich her. Ich hielt mich auf der anderen Spur und blickte angestrengt nach vorn. Rechts vor uns waren die Raffinerien, links Hafen- und Bahnanlagen.

Harry ließ sein Fenster herunter und atmete tief ein. »Ah! Der wahre Duft von Amerikas Reichtum.«

Es war einige Jahre her, daß Fletcher & Company mit einer der hier ansässigen Firmen geschäftliche Beziehungen aufgenommen und einen automatischen Schornsteinfeger konstruiert hatte. Inzwischen waren die Zeiten aber härter geworden, und kein Mensch kümmerte sich noch um die Luftverschmutzung. Hauptsache, die Schlote qualmten. Und solange sie die Luft verpesteten, wußte man wenigstens, daß gearbeitet wurde.

Obwohl ich Harrys Begeisterung für jene irdischen Düfte nicht teilen konnte, war dieses Stück des Jersey Turnpike einer meiner beliebtesten Landstriche. Vor allem die Kracktürme, diese großartigen Totempfähle, dieses Gewirr aus Rohr- und Elektroleitungen. Dazu die gigantischen Öltanks, die farbkodierten mächtigen Rohre, das Gespinst aus Gerüsten, Laufplanken, Lampenketten; die pulsierenden, lodernden Gasflammen, wenn abgefackelt wurde – alles schlicht und ergreifend funktional, doch welch surreale Bedeutung ging von alldem aus! Ich fühlte mich glücklich wie eine Küchenschabe in der Apotheke.

»Was ist denn das dort drüben?« fragte Harry und unterbrach meine Träumerei. »Hörst du den Lärm?«

Ein tiefes, in unregelmäßigen Abständen aufschwellendes Röhren drang aus Richtung der Werftanlagen herüber. Das Geräusch wurde lauter, und jetzt konnte man auch Sirenen hören, Sirenen und Gewehrfeuer. Ich bremste ein wenig, und Harry und ich spähten nach links. Da war was, ein gigantischer Schatten... *eine gigantische Eidechse, die ein Lagerhaus zermalmte.* Zerberstendes Gemäuer und wütendes Röhren. Ein Güterwagen flog durch die Luft. Ein Hochspannungsmast knickte zusammen, Funken knisterten türkis und weiß.

Ich trat aufs Gaspedal, aber Harry lehnte sich vor und zog den Schlüssel aus der Zündung.
»Halt an!« kommandierte er. »Dies Schauspiel will ich genießen!«
Mir blieb keine andere Wahl, und ich ließ den Wagen auf der Standspur ausrollen. Ein paar andere Schaulustige hatten das ebenfalls getan. Nur wenige hundert Meter entfernt wütete eine riesige Raubechse, ein Godzilla von mindestens sechzig Metern Höhe mit einem Kopf wie ein menschenfressender Müllkahn. In diesem Augenblick loderte eines der Abfackelfeuer hoch auf, das Monster warf den Kopf zurück und stimmte ein durchdringendes Hohngebrüll an.
GWIIIIIIIIIINT! AH-ROOOUUUUUUUUUUUUUKH!
Auf der gegenüberliegenden Seite schob sich ein Streifenwagen ins Bild, hielt an, einer der Bullen brachte ein schweres Maschinengewehr in Stellung und fing an zu ballern.
Badda-ba-badda-barrtttt!
RRRAAAAAAAANH! RRWAAAAAAAAAAAEEIIIIIIII!
Badda-barrtttt-brrt!
RRRRWWWOOOOUUUUUUUUUUUUUU!
Die Erde zitterte, als das Monster zum Angriff überging.
Ich schrie, schrie Harry an: »Verdammt noch mal, Harry, ich weiß, daß du schuld hast! Du hast eine Eidechse in der Zeit vorausgeschickt! Gib mir den Schlüssel, bevor…«
»Halt's Maul, Fletcher. Godzilla wollte ich schon immer mal live erleben. Dieses Gebrüll… *zauberhaft*! phantastisch!«
Der Streifenwagen wirbelte hoch in die Luft, zerschellte nicht weit von uns auf der Fahrbahn und begann zu brennen.
FWWWWWWAAAAAEEEEE! WWRIIIIIIIIIIEENH!
»Guter Gott! Es kommt auf uns zu! Es kennt dich, Harry! Los, nichts wie weg!«
Harry war viel zu verzückt, um die Gefahr zu erkennen, in der wir schwebten. Rasch zog ich ihn die Böschung hinab, wo sich der Bachdurchlaß befand, eine Zementröhre, in der man gerade noch gebückt stehen konnte. Sie führte genau unter dem Turnpike hindurch.

»Rein hier!«

GAH-WHIIIIIIIIINT! RIIIIIIINTH-RIIIIIIIIINTH-RIIIIIIIINHT

Die Riesenechse kam jetzt wirklich in Fahrt. Und – mein Gott noch mal! – sie war hinter Harry und mir her. Wir schafften es gerade noch, in die Röhre zu verschwinden. Und schon stocherte eine mächtige Klaue hinter uns her und wurde dann abgelöst von einem enorm großen Basiliskenauge in der Röhrenöffnung.

»Ist das nicht aufregend, Fletch? – Paß auf!«

Mit grellem Kriegsgeheul schleuderte Harry einen scharfkantigen Stein mitten ins Auge des Ungeheuers.

WHIIIIINK-WHIIIIINK-WHIIIIINK! GAHRUUUUUUUUUU-UUUUUUUUUUU!!!

»Ich *liebe* dieses Gebrüll!« schwärmte Harry. »Ich kann gar nicht genug davon kriegen...«

Das Monster machte sich jetzt mit beiden Klauen an der Röhre zu schaffen. Kubikmeterweise Erdreich und schwere Betonbrocken flogen in die Luft. Unser Tunnel wurde ständig kürzer. Harry blickte sich nach einem weiteren Wurfgeschoß um.

»Oh, Gott, Harry... ich *hasse* dich! Du verfluchter versponnener Hund! Was das wirkliche Leben angeht, kümmert dich einen Dreck! – Oh, Nancy, es tut mir so leid, daß ich mich darauf eingelassen habe. Oh, Gott, bitte, hilf mir, rette mich, rette mich...«

Ein Drittel unseres Tunnels war bereits hinüber. Das Godzilla-Vieh hatte uns wie Ratten in der Falle. Als einziger Fluchtweg kam nur noch das andere Ende der Röhre in Frage. Ich eilte, so gut es ging, darauf zu und überließ Harry sich selbst. Er lachte und machte Anstalten, den nächsten Stein zu werfen. War er völlig übergeschnappt, oder wußte er etwas, das ich nicht wußte??

Auf der anderen Seite des Turnpike war es sumpfig, so sumpfig, daß man zu Fuß nicht weit kommen würde. Der einzige Fluchtweg war die Straße.

Das Echsenmonster konzentrierte sich ganz aufs Graben, mehrere Minuten lang hatte es nicht mehr gebrüllt. Ich nahm meinen

ganzen Mut zusammen und kletterte die Böschung hinauf, um über den Turnpike zu gucken.
Der Schwanz des Ungeheuers peitschte die Luft, und da! keine zwanzig Meter entfernt stand mein Wagen, immer noch unversehrt.
»Oh, Nancy«, stöhnte ich. »Ich komme, Baby, ich komme.«
Ich sprintete über die Gegenfahrbahn und den Mittelstreifen. Gelangte in meinen Buick. Harry hatte den Schlüssel auf dem Sitz liegengelassen. Mit flatternden Fingern steckte ich ihn ins Zündschloß und startete...
RUUUUUUUUUUUUUUUUUUUNT-SQUAA-RUUUUUUUUNT-RUUUUUUUUNT-RUUUUUUUUUNT!
Harry hatte wohl den zweiten Stein ins Ziel gekriegt. Oh, scheiß drauf, Mann, pinsel mich aus dem Bild! Ich trat das Gaspedal durch und schoß mit kreischenden Reifen davon. Als ich schließlich in Princeton ankam und in die Einfahrt kurvte, zitterten mir immer noch die Beine.

Die Kernsätze mystischer Lehren

Nancy saß am Küchentisch und verzehrte ein Schüsselchen Joghurt mit Fruit Loops, Früchtekeksringen. Der Fernseher lief auf vollen Touren. Eine Quiz-Sendung. Serena lag auf der Seite und nuckelte an einem Deckenzipfel.

»Könntest du die Glotze nicht leiser stellen?« maulte ich.

»Mr. Großkotz«, murmelte Nancy, ohne den Blick von der Mattscheibe zu nehmen. Alle Stühle waren mit Wäschestapeln besetzt, so hockte ich mich neben Serena auf den Küchenboden.

»Was ist denn los, Nancy?«

»Du!« sagte sie. Ihre Augen waren rot und verquollen. Sie hatte geweint. Ihr Kopf zuckte, so wie er immer zuckte, wenn sie wirklich wütend auf mich war. »Du hast unser ganzes Geld diesem, diesem verrückten Harry gegeben, stimmt's? – Ich wollte einkaufen, und bei der Bank sagte man mir, es wäre nichts mehr auf dem Konto. – Mr. Großkotz...«

Sie riß eine andere Sorte Kekse auf und stopfte sich immer gleich zwei auf einmal in den Mund. Ich konnte einfach nicht begreifen, wo sie das alles ließ. Im Fernsehen hatte eben einer gewonnen. Das Publikum röhrte wie eine defekte Waschmaschine vor Begeisterung. Serena nuckelte immer noch an ihrer Decke und starrte mit leerem Blick in den Raum.

»Es tut mir leid, Nancy. Du hast ja recht, ich hab ihm unser Geld gegeben. Ich hätt's nicht tun sollen. Auf ihn ist kein Verlaß. Hast du schon die Nachrichten gesehen? Eine Riesenechse ist auf dem Jersey Turnpike, sie hätte mich beinah umgebracht.«

Nancy drückte ihre Zigarette in den übervollen Aschenbecher und steckte sich eine neue an, wobei sie unverdrossen weiter-

mampfte. Sie legte den Kopf zurück, um keinen Rauch in die Augen zu bekommen. »Alles, was ich dazu sagen kann, Joseph, ist… daß…« Sie brach ab und fing an zu schluchzen.
Ich stand auf und legte den Arm um sie. Ich nahm ihr die Zigarette aus dem Mund und legte meine Wange an ihre Wange. Mein zerbrechlicher, erdbeerblonder Schatz. Meine *Lotosblüte*.
»Ich… ich tat es für dich, Nancy! Ich möchte, daß wir wieder reich und glücklich werden.«
»Nein!« Sie stieß mich von sich und warf dabei den Aschenbecher vom Tisch. Er zerbarst in tausend Stücke. Asche und Scherben. Serena kroch herbei, um den Schaden zu untersuchen.
»Paß auf, Serena, da sind Glassplitter. Laß Daddy das mal machen.«
Nancy und Serena sahen mir zu, wie ich den Mist beseitigte. Ich nahm eine Papierserviette und ein Stück Karton von der Fruit-Loop-Schachtel. Am Ende schnitt ich mir auch noch in den Finger… wahrscheinlich mit Absicht. »Verdammt. Oh, verdammt, verdammt, verdammt!«

Am Sonntagmorgen gingen wir in die Kirche, zur Ersten Kirche des Wissenschaftlichen Mystizismus. Sie vertrat eine – vage christliche – Religion, die den mystischen Lehren der beiden großen Princeton-Weisen, Albert Einstein und Kurt Gödel, entsprungen war. Nancy und ich gingen nicht regelmäßig, aber heute schien es genau das Richtige zu sein. Laut Samstag-Abendnachrichten war Godzilla plötzlich verschwunden, nachdem er quer durch den Jersey Turnpike einen Graben geschaufelt hatte. Ob Harry die Flucht gelungen war oder nicht, erfuhr man nicht, aber es war anzunehmen, daß er es geschafft hatte. Ich schätze, ich war froh.
Die Sonne schien. So zu dritt war der Weg zur Kirche ein angenehmer Spaziergang.
»Es tut mir leid, daß ich gestern so häßlich zu dir war, Joe.«
»Und mir tut es wegen des Geldes leid, Baby. Vielleicht könnten wir nachher mal nach New Brunswick fahren und gucken, was Harry damit gemacht hat…«

»Nein, danke!« In ihrem Sonntagskleid sah Nancy ganz entzükkend aus. Ich nahm ihre Hand. Serena hüpfte vor uns her, schwebend leicht wie eine Pusteblume.
Die Kirche war eine umgebaute Bank, ein massiver Komplex aus grauem Granit mit wuchtigen Säulen und bronzenen Laternen. Das Innere zierte Kirchengestühl und eine Kanzel. Statt des Altars gab es ein überlebensgroßes Hologramm von Albert Einstein. Einstein lächelte freundlich. Manchmal zwinkerte er einem zu. Nancy, Serena und ich setzten uns in eine der mittleren Reihen auf der linken Seite. Der Organist begann mit einem Präludium von Bach. Ich nahm Nancys Hand und drückte sie. Sie drückte zurück.
Den heutigen Gottesdienst bestimmte ein besonderes Ereignis. Der Prediger, ein älterer Physiker namens Alwin Bitter, feierte die Einführung einer neuen Assistentin, einer Frau mit Namen *Sondra Tupperware*. Ich sprang fast in die Luft, als ich das hörte, mich erinnernd, daß Harry gestern von ihr gesprochen hatte. War dies ein weiteres seiner Hirngespinste, das in Wirklichkeit umschlug? Dabei sah Miss Tupperware ziemlich solide aus: eine dünne Frau mit knallrotem Brillengestell und dem zerzausten braunen Haar eines Cockerspaniels.
Der alte Bitter trug einen Smoking und eine pinkfarbene dünne Krawatte. Der dunkle Anzug brachte den Heiligenschein des weißen Haarkranzes erst recht zur Geltung. Er verteilte Brot und Wein, und dann hielt er eine Predigt mit dem Titel *Die Kernsätze mystischer Lehren.*
Soweit ich mich erinnern kann, bestanden seine Lehren aus drei Sätzen: (1) Alles ist Eins; (2) Das Eine ist jenseits menschlicher Erkenntnis; und (3) Das Eine ist genau hier. Bitter trug seine Überzeugungen ziemlich locker vor, und die Gemeinde lachte ausgiebig – ein überraschtes und glückliches Lachen.
Nach dem Gottesdienst standen Nancy und ich noch ein wenig herum und plauderten mit den Gemeindegliedern, die wir kannten. Ich wartete auf den geeigneten Augenblick, Alwin Bitter um Rat zu fragen.
Schließlich waren, bis auf Bitter und Sondra Tupperware, alle

gegangen. Eine Party zu Ehren ihrer Amtseinführung würde später am Nachmittag stattfinden.
»Ist Tupperware Ihr richtiger Name?« fragte Nancy.
Sondra lachte und schüttelte den Kopf. Hinter ihrer roten Brille schienen ihre Augen rund und riesengroß. »Meine Eltern waren Hippies. Sie änderten den Familiennamen in Tupperware, um sich irgendwelchen Nachstellungen der Justiz zu entziehen. Dad und Alwin waren eng befreundet.«
»So ist es«, sagte Bitter. »Sondra ist für mich so was wie eine Nichte. Hat Ihnen die Predigt gefallen?«
»Sie war großartig«, antwortete ich. »Obwohl... ein bißchen mehr Wissenschaft hätte ich schon erwartet.«
»Was ist Ihr Gebiet?«
»Nun, zunächst habe ich Mathematik studiert, aber jetzt beschäftige ich mich im wesentlichen mit Computern. Eine Zeitlang war ich selbständig. Fletcher & Company.«
»Sie sind Jo Fletcher?« rief Sondra aus. »Ich kenne einen Ihrer Freunde.«
»Harry Gerber? stimmt's? Darüber wollte ich gerade mit Dr. Bitter reden. Harry versucht etwas zu bauen, das ihn in Gott verwandeln wird.«
Bitter legte seine Stirn in Falten.
»Ich weiß«, fuhr ich fort, »es klingt verrückt, aber ich meine es ernst. Haben Sie gestern nichts von der Riesenechse gehört?«
»Auf dem Jersey Turnpike«, ergänzte Nancy. »Es kam in den Nachrichten.«
»Ja, aber ich sehe nicht ganz...«
»Harry hat das inszeniert. Dies Ding, das er baute – man nennt es einen Blanser –, wird ihm Raum und Zeit untertan machen, sogar die Vergangenheit. Das Unheimliche ist, daß es Harry nicht mal war... Der Blanser tut nichts anderes, als... er benutzt *uns*, damit das alles passiert. Er schickte Harry zu mir, um mir zu sagen, ich solle Harry raten, mich zu überreden zu...«
Bitter warf einen Blick auf seine Uhr. »Sollten Sie eine spezifische Frage haben, Mr. Fletcher, würde ich Ihnen gern Rede und Antwort stehen. Andernfalls...«

Was *war* meine Frage?
»Meine Frage... okay, folgendes: Was geschieht, wenn jemand dasselbe wird wie das Eine? Was, wenn ein einzelner Mensch die gesamte Realität kontrollieren kann? Was sollte er wünschen? Welche Veränderungen sollte er herbeiführen?«
Bitter sah mich schweigend an, fast eine volle Minute lang. Es schien, als hätte ich schließlich doch seine Vorstellungskraft geweckt.
»Sie wundern sich wahrscheinlich, daß Ihre Frage mich derart in Verlegenheit gebracht hat«, sagte er schließlich. »Ich wünschte, ich könnte sie beantworten. Sie verlangen, ich solle mir vorstellen, daß ein Mensch wird wie Gott. Nun gut. Also, wir stellen Überlegungen an über die Motive Gottes. Warum ist das Universum so, wie es ist? Könnte es... könnte es auch anders sein? Was hat Gott im Sinn, wenn *Er* die Welt erschafft?« Bitter hielt inne und rieb sich die Augen. »Kann man von dem Einen wirklich sagen, daß es überhaupt einen Verstand, Ansichten hat? Einen Verstand haben... ist gleichbedeutend mit etwas *wollen. Pläne* haben... Aber Wünsche und Pläne sind etwas Partielles, etwas Relatives. Das Eine ist absolut. Solange Wünsche und Bedürfnisse vorhanden sind, wird dem Einzelnen das endgültige Einswerden versagt bleiben.« Bitter klopfte mir leicht auf die Schulter und blickte mich freundlich an. »Nachdem ich das gesagt habe, fordere ich Sie eindringlich auf, sich zu vergegenwärtigen, daß die individuelle Existenz wirklich gleichbedeutend, identisch ist mit dem Vorgang eben dieses Versagtbleibens des endgültigen Einswerdens. Hüten Sie Ihre Liebe zu den Menschen... wie einen Schatz; es ist alles, was Sie haben.«
»Aber...«
Mit einer Handbewegung brachte mich Bitter zum Schweigen. »Und noch etwas: Es gibt kein isoliert für sich stehendes Individuum. Jedes Individuum besteht aus einem Bündel von miteinander in Konflikt stehenden Wünschen; es ist eine Gesellschaft im Mikrokosmos. Selbst dann, wenn ein dafür bestimmtes Individuum die Kontrolle unseres Universums übernehmen würde, würde die Welt so konfus bleiben, wie sie ist, wie sie immer war.

Wenn *ich* die Welt neu erschaffen sollte, beispielsweise... ich zweifle daran, ob sie sich von der unsrigen Welt in irgendeiner Weise unterscheiden würde.« Bitter nahm meine Hand und schüttelte sie. »So, wenn Sie mich bitte entschuldigen wollen. Ich muß nach Hause, der Sonntagsbraten wartet auf mich. Großes Familientreffen heute; meine Frau, Sybil, ist zum Flughafen gefahren und holt unsere älteste Tochter ab. Sie kehrt von einem Besuch bei ihren Großeltern in Deutschland zurück.«
Bitter verabschiedete sich auch von den anderen und ließ uns zu viert auf den Kirchenstufen zurück.
»*Was* hat er gesagt?« fragte ich Sondra.
Spöttisch schüttelte sie den Kopf, daß die gekräuselten Locken flogen. »Eigentlich nur, daß er mit seiner Familie zu Mittag essen will. Aber erzählen Sie mir doch noch etwas über Harrys Projekt.«
»Wie gut kennen Sie Harry?« warf Nancy ein.
»Seit etwa sechs Monaten haben wir uns ab und zu getroffen. Er hat sich mir selber vorgestellt, im Café Vienna. Eine Bar und zugleich Grillrestaurant in New Brunswick, sehr nett übrigens.«
»Dieser Harry taugt nichts«, sagte Nancy mit Nachdruck. »Sie sollten sich von ihm lösen, Sondra. Wissen Sie, was er mir zur Antwort gab, als ich ihm vom Welthunger erzählte? Er sagte: ›Es gibt sowieso schon zuviel Menschen auf der Welt.‹ Ist das nicht entsetzlich? Und was hat er bei Serenas Taufe gesagt, Joe? Irgendwas übers Sterben...«
»›Zum Sterben geboren‹ sagte er, und: ›Fletcher, du hast gerade etwas produziert, das zum Sterben bestimmt ist.‹ Ich weiß, das klingt fürchterlich, aber irgendwie ist da auch was Wahres dran. Gäbe es weniger Menschen, gäbe es auch weniger Leid auf der Welt.« Ich versuchte cool zu klingen, so wie Alwin Bitter. »Wir wollen leben. Gut. Aber das heißt auch, daß wir das mit dem Leben verbundene Leiden ebenfalls akzeptieren müssen. Stimmen Sie mir da nicht zu, Sondra?«
»Ich bin nur da*für*, die Realität zu akzeptieren«, erwiderte Sondra lachend. »Ich bin mir nur nicht sicher, ob Harry das ist.

Haben Sie das im Ernst gemeint, als Sie sagten, er baue ein Ding, das ihm die Kontrolle über das Universum verschafft? Harry Gerber? Ich *liebe* Harry, aber...«
Zum ersten Mal ließ ich meiner Imagination freien Lauf und überlegte, was für eine Welt Harry wohl gestalten würde. Dieser Kerl hatte keinerlei Respekt vor den ganz gewöhnlichen menschlichen Belangen, die das Leben erst lebenswert machen. Das einzige, was ihn interessierte, waren die unheimlichen Seiten. Das Unheimliche, Sex und jede Menge Alkohol.
»Ich mach mich lieber mal auf nach New Brunswick«, sagte ich abrupt. »Bevor er sich zu irgendwas hinreißen läßt, das...«
»Ich habe nicht gefragt, *ob es eine gute Idee ist*«, sagte Sondra. »Ich meinte, *sind Sie ernsthaft überzeugt, daß sie sich verwirklichen läßt*? Schließlich ist Harry nur Fernsehmonteur. Und es ist ein erheblicher Schritt von *so was* zu...«
»Nun geh schon, Joey«, drängte Nancy. »Bevor es zu spät ist.«
»Das wird ja schrecklich hysterisch, das Ganze«, mokierte sich Sondra. In Relation zu ihrem recht gewöhnlichen Aussehen hatte sie ein wirklich außergewöhnliches Auftreten. »Vielleicht komme ich lieber mit.«
»Sie müssen aber doch zu der Party«, erinnerte ich sie. »Ach ja, willkommen in unserer Gemeinde, Sondra.«
»Ja«, bekräftigte Nancy, »eigentlich wollten wir viel öfter kommen. Sagen Sie, werden Sie nach der Party zurückfahren nach New Brunswick, Sondra?«
»Ja.«
»Dann schauen Sie doch bitte mal bei Harry vorbei und schicken Sie Joe nach Hause. Wenn die zwei sich über irgendwas hermachen, verlieren sie jedes Zeitgefühl. Vielleicht ist das alles ja gar nicht so gefährlich... aber, wer weiß...«
»Ich werde mich um die beiden kümmern, Nancy.«
»Danke.«
Nancy und ich machten uns auf den Heimweg, jeder faßte Serena an einer Hand. Sie hatte es gern, wenn wir sie hoch in die Luft schwangen. Nancy war schweigsam... ich spürte, wie es fieberhaft in ihr arbeitete.

»Wenn es funktioniert«, sagte sie nach einer Weile, »wenn es wirklich funktioniert, was wirst du dir dann wünschen?«
»Fünf Millionen Dollar.«
»Und für mich?«
»Was meinst du mit *für mich*? Das Geld ist für uns beide.«
»Ich will mehr als nur Geld. Ich will, daß du dir was für mich wünschst.«
»Bitte... Was soll's denn sein?«
»Bring Harry dazu, den Welthunger abzuschaffen. Bring ihn dazu, daß ihm irgendwas einfällt, das Scheiße in Speise verwandelt.« Ein verzücktes Lächeln glitt über Nancys Gesicht. »Das wird's ihm zeigen!«

100.000.000.000.000.000.000.000.000.000.000.000

Harrys Werkstatt war verriegelt und verrammelt. Beharrlich klopfte ich mit der Faust an die Tür, aber niemand ließ sich blikken, nicht mal Antie. Ich beschloß, es hinten zu versuchen. An der Rückseite gab es eine zweistöckige Holzveranda. Von der Nachmittagssonne beschienen, saß dort Harry auf den Stufen. Er war im Schlafanzug und hatte einen Stapel Pornohefte neben sich.

»Hey, Harry!«

»Sieh mal einer an, Fletch! Kommst gerade recht zum Essen. Antie ist mit einem Eintopf beschäftigt – Hühnchen und meine kleine Eidechse. Zeke zog sich 'n paar Verletzungen zu, und heute ist er gestorben.« Harry verzog seine feuchten Lippen zu einem unbestimmten Lächeln.

»Die Eidechse!« fuhr es aus mir heraus. »Gestern sah ich sie noch in deinem Schaufenster! War das etwa dieses...«

»Du sagst es. Heute nacht, wenn ich zurückgehe, um dich am Freitag zu besuchen, wird Zeke von Donnerstag an in der Zeit vorausspringen, um dich am Samstag zu sehen. Fünfundfünfzig Stunden in beide Richtungen, wobei die Besuche jeweils ungefähr fünfzehn Minuten dauern. Damit balanciert sich alles selber aus. Als ich Zeke am Donnerstag fütterte, bemerkte ich die Kratzer, aber natürlich kam ich nicht drauf, daß... Er war jedenfalls reichlich zerschossen. Armer Kerl. Antie fand jede Menge Kugeln in seinem Fleisch, als sie ihm die Haut abzog.«

»Du hast Glück gehabt, daß du gestern nicht draufgegangen bist.«

»Hätte es mich erwischt, wäre das Ganze überhaupt nicht möglich gewesen, oder? Armer Zeke. Tut mir leid, daß ich mit Steinen nach ihm geworfen habe. Aber das Gebrüll war so... so...«

»Harry! Ich denke, wir sollten genau an diesem Punkt aufhören. Mir ist völlig klar, daß es ein Zeitparadoxon geben wird, wenn wir den Blanser heute nicht bauen, aber, wenn ich mir so überlege, was du gestern alles angestellt hast, wäre ich eher dafür...«

»Ah, hab dich nicht so, Fletch. Sei nicht so...«

»Heute morgen habe ich mit Nancy und Sondra über die ganze Angelegenheit gesprochen.«

»Sondra Tupperware?«

»Sie war heute morgen in unserer Kirche, der Ersten Kirche des Wissenschaftlichen Mystizismus. Sie ist unsere neue Assistentin geworden.«

»Richtig... davon hat sie mir erzählt. Meiner Meinung nach ist dieser ganze Mystizismus ein totaler Schwachsinn. Alle Religionen sind Schwachsinn.«

»Woran glaubst *du* eigentlich, Harry?«

»Wer fragt das?«

»Nun... Nancy, Sondra und ich haben miteinander gesprochen, und dabei wurde mir klar, wie verheerend es sein könnte, würde jemand wie du die Kontrolle über die Welt übernehmen. Erinnerst du dich noch daran, was du Nancy antwortetest, als sie dir vom Welthunger erzählte?«

»Sicher. ›Es gibt sowieso schon zuviel Menschen auf der Welt.‹ Das ist wahr, Fletch, und du weißt es. Komm mir nicht mit dieser Heiliger-als-der-Papst-Tour.«

»Wirst du Angst und Schrecken über uns bringen, Harry? Würdest du der gesamten menschlichen Rasse den Garaus machen?«

»*Diese* Mädchen... die würde ich in Sicherheit bringen.« Harry grinste und tätschelte seine Pornohefte.

»Das Essen ist fertig«, rief Antie aus dem Hausinnern.

Die gesamte Etage über Harrys Werkstatt war eine Wohnung. Offensichtlich hatte Antie mit mir gerechnet; denn der Tisch in dem dunklen alten Eßzimmer war für zwei gedeckt. Harry und ich nahmen Platz, und Antie brachte das Essen herein.

Zum Hühnchen-und-Eidechseneintopf gab es Röstkartoffeln, Gurkensalat, Brötchen, mildwürziges Sauerkraut und Rotwein. Harry aß mit den Fingern.
»Die Eidechse schmeckt gar nicht schlecht«, bemerkte ich zwischen zwei Gabelladungen. Das Fleisch war hell und zart, fast so wie beim weichschaligen Hummer. Es war ein erhebendes Gefühl, etwas zu verzehren, das mir gestern noch nach dem Leben getrachtet hatte.
»Mmmpf«, machte Harry als Zeichen der Zustimmung. Er kaute mit offenem Mund und schluckte geräuschvoll. »Ich hatte es schon immer mit Godzilla. Es muß nicht überraschen, daß meine Wahl auf den armen Zeke fiel, um ein Gegengewicht zu schaffen.«
»Aber das ist doch gerade so verantwortungslos, Harry! Du hättest doch auch 'nen *Schuh* oder sonstwas nehmen können, dann hätt's gestern gar keine Probleme gegeben. Ein Riesenschuh hätte den Verkehr 'ne Weile lahmgelegt, und damit hätte sich's gehabt. Woher soll ich wissen, was für Verrücktheiten du noch aus dem Ärmel schütteln wirst? Was ist, wenn du die Erde in zwei Teile spaltest oder so was Änliches? Du begeisterst dich doch hoffentlich nicht für Katastrophenfilme, Harry?«
»Nein, nein... eigentlich nicht mehr. Davon hab ich als Junge genug gesehen. Und noch früher las mir mein Dad abends immer aus der *Apokalypse des Johannes* vor.«
»Au, Mann! Das fehlt uns noch. Hör mal zu, Harry, es ist an der Zeit, daß wir mal ernsthaft miteinander reden. Ich habe euch beide, dich und Zeke, in der Zeit reisen sehen, damit weiß ich, daß der Blanser funktionieren wird. Wir werden ihn heute bauen, und heute nacht wirst du Herr über Raum und Zeit sein, wenigstens eine Weile lang. – Weiß Gott, ich hätte mir was anderes ausgesucht, aber immerhin bist du mein Freund, und ich kann mich darauf verlassen, daß du mich reich machen wirst, solange du die Macht dazu hast, oder?«
»Kein Problem. Willst du Gold, oder was?«
»Gold? Das fällt viel zuviel auf. Gib mir fünf Millionen Dollar in Papier. Benutzte Scheine, niedrige Nennwerte.«

»Okay. Was noch?«
»Na gut... das ist jetzt eine von Nancys Ideen: Sie wünscht sich, daß du irgendwas machst, das Scheiße in Speise verwandelt. Irgend 'ne Maschine oder so, was sich leicht reproduzieren läßt und...«
»Dem Welthunger ein Ende macht«, sagte Harry gedehnt. »Mir soll's recht sein. Wenn ich's kann, mach ich's. Laß uns mal runtergehn.«
»Eine Sache noch: Das ganze Geld wird mir überhaupt nichts nützen, wenn du das Sonnensystem in einen Käse verwandelst oder so.«
»Ich hasse Käse.«
»Du weißt, was ich meine, Harry. Die Wirkung des Blansers muß sich irgendwie selbst begrenzen. Sie muß nach einer Stunde oder so wieder aufhören. Und dann muß alles wieder so sein, wie es war.«
»So, wie es war? Du willst doch nicht, daß dein Geld wieder verschwindet, und Nancys Wunderkur gegen den Welthunger dazu?«
»Nimm 'n paar vernünftige Änderungen an der Welt vor, Harry. Und dann laß uns den Sprung in ein anderes Universum machen, so, wie ich's gestern vorschlug. Erst machst du den Sprung zum Freitag, machst das Geld und alles, und dann gehn wir in eine andere Welt, damit du dich austoben kannst, ohne hier alles zu verwüsten.«
»Das hört sich gut an. Solange ich Herr über Raum und Zeit bin, werde ich in der Lage sein, eine magische Tür zu einer Welt so ganz nach meinem Herzen zu öffnen. Wir werden zwei Stunden bleiben und dann hierher zurückkehren, rechtzeitig bevor der Blansereffekt vorüber ist. Sobald die Wirkung aussetzt, werden die magischen Türen sich schließen, und uns wird es vergönnt sein, die paar Änderungen, die ich *hier* vorgenommen habe, zu genießen.«
»Nun...« Ich zögerte. Machte mir immer noch Sorgen. »Das hört sich ganz vernünftig an. Sollte sich aber herausstellen, daß eine der Veränderungen wirklich tödlich ist, was dann? Es könnte ja

sein, daß wir das erst erkennen, wenn das Blansen vorüber ist, dann sitzen wir fest.«

»Nein, das werden wir nicht. Wir werden nur die Hälfte der roten Gluonen verwenden, also werden wir noch genügend haben, damit du geblanst wirst und alles wieder in Ordnung bringen kannst.«

»Wie der zweite Wunsch.«

»Klar. ›*Der Bauer und die Wurst*‹.«

»Ich schätze, damit haben wir 'ne Abmachung.«

»Woher willst du wissen, daß ich mich dran halte?« Harry schenkte mir ein furchterregendes Lächeln.

»Hab ich 'ne andere Wahl?«

»Du machst dir zu viele Sorgen, Fletch. Komm jetzt, packen wir's an!«

Jack MacCormack hatte unsere Sachen gebracht; sie standen jetzt in Harrys Werkstatt, fein säuberlich neben der Hintertür aufeinandergestapelt.

»Das Ganze wird so ablaufen«, sagte Harry und spazierte langsam hin und her. »Wir schieben den Tisch in die Kühlkammer, und ich lege mich drauf. Da drin ist's kalt. Mit der Kupferfolie werden wir alles elektromagnetisch abschirmen. Unmittelbar bevor ich die Injektion kriege, wird die Kammer blitzschnell luftleer gepumpt. Ich werd 'n Atemgerät haben, kein Problem also.«

»Kein Problem? Was ist mit dem Schuß? Was für 'ne Injektion kriegst du denn? Und was passiert mit dir?«

»Planckscher Saft. Ich werde geblanst.« Zwei neue Wörter. Harrys Kunstsprache. Er hatte abgehoben...

»*Geblanst*, das habe ich schon gehört. Aber dieser *Plancksche Saft*, was ist 'n das?«

»Also gut. Das werden Antie und du erledigen. Die Idee ist, daß du Antie die Hälfte der Gluonen aus der Magnetflasche in den Mikrowellenkasten schütten läßt. Das ergibt 'ne Superquantenflüssigkeit, okay?«

»Schätze, schon.«

»Weißt du, was Gluonen *sind*, Fletcher?«
»Na gut, die sind nun mal wirklich klein... Und haben was mit Quarks zu tun.«
»Gluonen sind die Partikel, die Quarks zusammenhalten. Ein Proton besteht aus drei Quarks und 'n paar Gluonen dazwischen, die die Quarks aneinanderbinden. Gluonen gibt's in drei Farben: Rot, Blau und Gelb. Die roten kriegt man am einfachsten.«
»Alles klar. Gluonen und Mikrowellen werden also gemixt, um eine Superquantenflüssigkeit zu erhalten. Was dann?«
»Die Flüssigkeit wird in die Konische Spule eingeführt.«
»Die Konische Spule?«
»Die Konische Spule. Denk an einen Nahrungsmittelprozessor, Fletch. Die Superquantenflüssigkeit strömt in die Konische Spule und *skaaaaazzt*!«
»Wird vermengt.«
»Vermengt zu Planckschem Saft, Fletcher. Planckscher Saft ist ein kontinuierliches Prä-Quark-Kraftmedium, das keinerlei erkennbare Eigenschaften aufweist. *Es weiß zum Beispiel* nicht, *welchen Wert die Plancksche Konstante hat*!«
»Das weiß es nicht.«
»Ich aber werd's ihm sagen. Ich werd ihm was vorlügen! Als erstes werd ich dem Planckschen Saft einen ein Meter langen Tunnel eines Subätherwellenleiters zeigen! Das wirkt so, wie wenn die Plancksche Länge ein Meter wäre, anstatt 10^{-33} Zentimeter! Das entspricht einer quintilliardenfachen Vergrößerung, Fletcher!«
»Harry, ich weiß nicht, wovon du redest.«
»Die Plancksche Länge ist die Größenordnung, ab der die Unschärferelation der Quantenmechanik ins Spiel kommt. Der Plancksche Saft wird so manipuliert, daß er sich verhält, als wäre die Plancksche Länge ein Meter. Und ich absorbiere den Saft. Was den Blanser angeht, so wird er die Unschärfe um mich herum noch wesentlich erhöhen. Die Dinge werden tun, was ich von ihnen verlange!«
»Fassen wir's noch mal zusammen, Harry. Den Planckschen Saft

haben wir jetzt im Wellenleiter. Der Wellenleiter schafft ihn zum GST, du kriegst ihn ins Hirn geschossen, und...«
»Ich werde geblanst.« Harry war außer sich vor Begeisterung.
»An die Arbeit, Fletch. Du wirst für die zeitliche Abfolge der einzelnen Schritte verantwortlich sein.«
»Ist das gefährlich?«
»Wenn die Gluonen in die Konische Spule gelangen... wäre es möglich, daß halb Jersey in die Luft geht. Aber natürlich...«
»Wir *wissen* doch, daß es funktioniert«, überkam es mich mit einem Lachen. »Sonst wäre es dir ja auch nicht gelungen, Godzilla herbeizuzaubern!«
Harry und ich gingen die ganze Sache noch mehrere Male Schritt für Schritt durch, und dann machten er, Antie und ich uns daran, die einzelnen Elemente zusammenzusetzen. Die Zeit verging. Bevor man sich's versah, war die Nacht hereingebrochen. Irgendwer hämmerte gegen die Ladentür.
»Wer ist da?« fragte Antie mit ihrer Omastimme. »Wer ist es?«
»Sondra. Laßt mich rein, Jungs.«

Magische Pforten

»Sondra, es geht darum, zu sehen, wie es funktioniert. Wir wissen, es funktioniert. Deshalb haben wir das Ding gebaut. Fletcher, red du mal mit ihr. Ich geh jetzt in die Kammer.« Harry hielt sich in der Nähe der schweren, mit Kupfer ummantelten Tür auf wie ein kleiner feister Mann, der in ein Dampfbad steigt.

»Viel Glück, Harry.« Ich trat einen Schritt vor und schüttelte ihm die Hand. »Die Wirkung wird bis Mitternacht dauern, sagst du?«

»Wenn ich's richtig kalibriert hab. Wir werden nur hundert Gramm Gluonen verwenden. Erst mal werd ich mich um das Zeitreisen kümmern und dann werd ich 'ne Pforte öffnen zu einer anderen Welt.«

»Warum nur?« brach es aus Sondra heraus. Seitdem wir sie hereingelassen hatten, war sie die ganze Zeit damit beschäftigt, uns mit Fragen zu löchern, und schien keineswegs zufrieden mit den Antworten, die wir ihr gaben. Ich wünschte, sie würde gehen und uns in aller Ruhe das Universum zerdeppern lassen.

»Sondra«, sagte ich, »könntest du bitte mal aus dem Weg gehen.«

»Frauen sind also nicht zugelassen, oder? Und was macht ihr, wenn ich die Bullen rufe?«

»Antie ist eine Frau«, antwortete Harry. »Fast jedenfalls. Und wir tun nichts Illegales.« Nachdenklich stand er da, mit einer Hand auf dem Türschloß. »Sondra, ich werd jetzt zwei Stunden lang Herr über Raum und Zeit sein. Gibt's irgendwas, das ich während dieser Zeit für dich tun könnte? Wie wär's mit platin-

blonden Haaren und einem Körper, der jedem Mann den Atem verschlägt?«
»Er kann dich aussehen lassen wie Beva LeClaire«, schlug ich vor. Beva war die neueste Sexbombe aus Hollywood, die Marylin Monroe der neunziger Jahre. »Wär das nichts für dich, Sondra?«
»Ich möchte lieber fliegen können.«
»Ist gebongt«, sagte Harry. »Und jetzt halt den Mund und guck zu.« Mit einem letzten nervösen Lächeln stieg Harry in die würfelförmige Blanskammer. Eine Wolke Frostkristalle wogte heraus, und dann fiel die Kühlschranktür ins Schloß.
Ich schob die Kupferfolie ein wenig zur Seite, blinzelte durch das kleine Fenster, das wir in die Tür montiert hatten. Harry streckte sich auf dem Goldschußtisch aus, winkte mit erhobener Faust und setzte eine Atemmaske auf.
»Schalt die Mikrowellen ein, Antie.«
»*Check*, Dr. F.«
Harry glitt in eine Stellung vornehmer Behaglichkeit. Ich deckte das kleine Fenster wieder zu und setzte die Kupferfolie unter Spannung.
»Antie, die Gluonen.«
Mit der einen Hand ergriff Antie die Magnetflasche, und mit der anderen umklammerte sie den Flaschendeckel wie mit Krebsscheren.
Ich öffnete den Mikrowellenkasten, einen kleinen schwarzen Würfel, der wie ein Miniaturholzofen aussah. Ein breites Spektrum Strahlung strömte heraus.
»Einfüllen, Antie.«
Antie kam näher und fing an, die Gluonen in den Behälter zu gießen. Die Gluonen bildeten eine Art Flüssigkeit, kostbar funkelnd wie das Blut Christi. Das von den Mikrowellen erzeugte Energiefeld nahm die Flüssigkeit sogleich auf.
Sowie die Gluonen mit dem Mikrowellenfeld verschmolzen, füllte sich die Werkstatt mit himmlischer Musik: ein schwaches, sich verschiebendes Singen, fast zu hoch, um es hören zu können. Ein Tröpfchen Gluonen glitt vom Verschluß der Magnet-

flasche herab und brannte einem von Anties Fingern die Kuppe weg. Ich schlug das Türchen des kleinen Mikrowellenbehälters zu und seufzte erleichtert auf. Die erste Stufe hatten wir hinter uns.

»Was war 'n das für 'n Zeug, das du da hineingeschüttet hast?« wollte Sondra wissen. »Es schillerte ja in allen Regenbogenfarben, wie... Feuer und Wasser vermischt!«

»Das war'n Gluonen«, klärte ich sie auf. »Normalerweise leben die im Innern von Protonen und Neutronen versteckt; ich glaube, die gibt's auch in Blau und in Gelb.«

»Vergrabene Juwelen«, staunte Sondra. »Sind die nicht sündhaft teuer?«

»Du sagst es. Die Hälfte heben wir uns auch fürs nächste Mal auf.«

»Soll ich die Konische Spule unter Spannung setzen, Dr. F.?«

»*Check*, Antie!«

Antie legte den Schalter für das Starkstromkabel um, das zur Konischen Spule führte, ein plumpes konisches Gerät gleich neben der Blanskammer. Ozon erfüllte den Raum, und Funken knisterten die wulstigen Seitenwände der Spule rauf und runter. Aus den Augenwinkeln konnte ich sehen, wie die Straßenlaternen allmählich erloschen.

»Zweite Stufe einleiten!«

Ich trat ein paar Schritte von unserer Versuchsvorrichtung zurück, als Antie sich daranmachte, das Ventil des Subätherwellenleiters zu öffnen, eine sauber verchromte Rohrleitung, die vom Mikrowellenbehälter zum oberen Ende der Konischen Spule führte.

»Aufgepaßt, Sondra! Das ist...«

Meine Worte wurden geschluckt von dem Aufkreischen, dem Aufbäumen, dem jähen Zusammenprall gequälter Energie. Die Konische Spule schlug in den Gluonenstrom wie eine Kreissäge, die in vollgesogenem Stammholz auf Granatsplitter trifft. Der ganze Raum fing an, sich krampfartig zu schütteln... zu rütteln... *wa-ah-ah-ah ge-eh-eh-eht da-da-da vo-ooo-oor*... mein Verstand fing an zu schlingern. Dann Flammen, dann ein schwe-

rer Schleier aus Funken, der sich kuppelförmig bog, auf Antie zielte... und schon zerschmolz der Körper des treuen Roboters zu einem toten, rauchenden Schrotthaufen.
»Ach, du arme Antie«, jammerte Sondra und wollte ihr zu Hilfe eilen.
»Bleib, wo du bist!« schrie ich. Das kreischende Energiegeschnatter glitt die Tonskala weiter nach oben und verdichtete sich zu einem mantrischen Summen. Die Fensterscheiben zersprangen. Die Füllungen in meinen Zähnen vibrierten.
»Den Hebel runter!« schrie ich Sondra zu und zeigte auf den Stutzen, der die Vakuumpumpe mit der Blanskammer verband.
»Geschafft...!«
Alles, was mir noch zu tun blieb, war, den Meter Subätherwellenleiter zu öffnen, der aus der Konischen Spule heraus und durch die Kühlschrankwand zur Injektionsnadel am Kopfende des GST führte. Aber der Wellenleiter war glühend heiß.
Leicht panisch geworden, blickte ich mich um und entdeckte schließlich einen Besen. Mit dem Besenstiel würde es zu schaffen sein. In diesem Augenblick ging ein lautes trocken grunzendes Geräusch durch die Werkstatt: In der Kammer herrschte Vakuum. Dann mal los, Sondra! Ich zwang mich voran und drehte das entscheidende Ventil auf...
Weißes Licht.
Über mir schwebte ein Engel. Beva LeClaire mit ernormen, sanft-weißen Flügeln. Ich selbst lag auf einer knisternden Matratze, und über mir der flatternde Engel.
»Alles in Ordnung, Joe?«
Die Stimme: Sondra Tupperware! Ich setzte mich auf und blickte umher. Dies war Harrys Werkstatt, genauso wie vorher, und Antie war auch wieder ganz –, ganz und geschäftig dabei, das Durcheinander zu beseitigen, das wir angerichtet hatten. Aber Sondra... Sondra schwebte einen Meter über dem Fußboden, ihre Flügel bewegten sich ganz sachte. Sie trug ein tiefausgeschnittenes weißes Abendkleid; ihr Antlitz glich einer lieblichen Kameeschnitzerei, umrahmt von Ringellöckchen aus purem Gold.

»Ich kann's einfach nicht glauben«, sagte der Engel. »Mein Leben lang habe ich solche Frauen gehaßt, und jetzt bin ich selber eine.«
»Wenigstens kannst du fliegen.« Suchend blickte ich mich nach *meiner* Beute um. Und da lag's... Bündel um Bündel von Zwanzigernoten, von Fünfzigern und Hundertern... eine ganze Matratze davon! Und gleich neben meinem Dollarbett stand ein kleines hölzernes Kästchen... zweifellos eine einfach zu reproduzierende Vorrichtung, um aus Scheiße Speise zu machen! Genau das, worum ich Harry gebeten hatte. Harry?!
Ich eilte hinüber zur Blanskammer und zog die schwere Tür auf.
»Harry!«
Und da, mitten in der Blanskammer stand Harry. Der GST war nicht mehr da. Harry stand da, umgeben von kleinen Harrys, die die Luft um ihn erfüllten. In allen Größen schwärmten sie umher, dicht wie ein Mückenschwarm.
»Heilige Wissenschaft, Harry! Du hast es geschafft!«
»Den Trip zurück zum Freitag hab ich schon hinter mir, den Eidechsentrip, und ich hab dein Geld gemacht und Nancys Wunderkur gegen den Welthunger, und ich hab den Goldschußtisch aus dem Weg geräumt.« Erst jetzt sah ich den Tisch, der an eine Seite der Werkstatt gerückt war. »Und ich hab Antie geflickt...«
»Und was wird aus mir?« unterbrach ihn Sondra. »Ich seh aus wie der fliegende Milchmann. Das mag ich nicht, Harry.«
»Hhmm, ich schon.« Vor lauter Begeisterung teilten sich seine Lippen. Er trat aus der Blanskammer und blickte sich um. »*Ich* mag's, wie's ist.« Der Schwarm kleiner Harrys folgte ihm aus dem Blanser heraus nach.
»Was sind das für kleine Dinger?« wollte Sondra wissen. »Sind das Insekten?«
»Das sind kleine Kopien meiner selbst. Es gibt unendlich viele davon. Das hat mit dem Renormalisierungsproblem und der Existenz mehrfacher Lösungen der Schrödinger-Gleichung zu tun.«
»Das sind kleine Leute?« fragte Sondra und kam einen Schritt

näher. Sie streckte einen Finger aus, und einer der kleinen Harrys ließ sich darauf nieder. »Wie hübsch, wie...«
»Ich kann sie als Kundschafter einsetzen«, sagte Harry. »Und das werd ich auch gleich mal tun.« Er trieb die umeinanderschwärmende Schar kleiner Harrys zurück in die Blanskammer, betätigte das Schloß und blieb mit an die Tür gepreßter Stirn davor stehen. Eine Minute verging. Noch eine Minute...
»Bitte«, sagte Harry dann. »Schon erledigt. Sechs Welten, die einander begegnen. Kommt, seht's euch mal an.«
Er trat zur Seite, und ich schlug die Tür wieder auf. Was sich meinen Augen bot... das gab's einfach nicht! Irgendwie war jede der sechs Seitenflächen des Würfels eine offene Tür. Ich stolperte und hätte fast den Halt verloren.
Sechs Türen zu sechs verschiedenen Orten:

1. Der Raum um uns herum: Hier und Jetzt.
2. Bunte Klümpchen und begeisterte Schnörkel: Die Mikrowelt.
3. Endlos gipfelwärts strebende Bergwiesen: Die Unendlichkeit.
4. Glimmer-schimmernde Roboter auf dem Mond: Die Zukunft.
5. Sonderbar ineinanderfließende Formen: Der Hyperraum.
6. Ein Raum wie der unsrige, aber auf den Kopf gestellt und seitenverkehrt: Die Spiegelwelt.

Dort, wo ich stand, war Tür Nummer 2 links und Tür Nummer 3 rechts. Tür Nummer 4 war dort, wo der Fußboden der Blanskammer gewesen war, und Tür Nummer 5 war unter der Decke der Kammer. Genau gegenüber war Tür Nummer 6. Tür Nummer 1 war selbstverständlich die allererste Tür, die Tür, vor der ich jetzt stand.
Der Schwarm winziger Harrys war eifrig damit beschäftigt, alles auszukundschaften; sie schossen in die sechs magischen Pforten hinein und hinaus.
»Los«, sagte der große Harry neben mir. »Komm jetzt, Fletch! Ich habe Lust, in die Welt auf der anderen Seite zu springen.«
»Laß das doch sein, Mann. Ich will erst mal das Geld zu Nancy bringen, bevor...«

»Au, Mann… Du hast deine fünf Millionen Dollar, und damit hat sich's, was? Bis dahin, und keinen Schritt weiter, stimmt's? Was wirst du dir denn kaufen, Fletcher? Meinst du, du wirst was Tolleres erfinden als das hier?«

Ich drehte mich um, suchte Unterstützung bei Sondra. Sie starrte in einen Spiegel und fuhr mit den Fingern über ihre neuen Gesichtszüge.

Ich versuchte es noch einmal. »Harry, diese Türen, das alles sieht wirklich aufregend aus. Hyperraum, die Größenverwandlung, parallele Welten… das sieht wirklich irrsinnig aus. Aber ich bin nicht bereit, für solch einen ausgeflippten Science-fiction-Nervenkitzel alles aufs Spiel zu setzen.«

»Dein Geld kann ich immer noch verschwinden lassen, Fletcher. Ich kann dich in eine unendliche Regression stecken wie das letzte Mal…«

»Das wirst du doch nicht tun, Harry! Ich bin dein Freund, vergiß das bitte nicht. Mach nur zu und amüsier dich, wie du willst. Sondra und ich werden hier draußen warten.«

Sondra flatterte herbei und stellte sich zu uns. Mein Gott, war sie schön.

»Laß meine Flügel verschwinden«, verlangte sie. »Ich hab keine Lust, wie 'n Freak herumzulaufen. Bestimmt kannst du machen, daß ich fliege, auch ohne diese Flügel hier.«

»*Verflucht und zugenäht*!« schrie Harry zornentbrannt. »Jetzt steh ich hier als vermeintlicher Herr über Raum und Zeit, und ihr zwei seid einfach…« Er preßte die Augen zu wie ein wütendes Baby.

Ein leises wischendes Geräusch, und Sondras Flügel waren nicht mehr da. Mein Geld und mein kleines Kästchen waren ebenfalls weg… traurig nahm ich's wahr.

»Mann, Harry, das war doch nun wirklich nicht…«

»Dein Geld ist sicher bei dir zu Hause, Fletcher, und liegt gleich unter Nancys Heiabettchen. Und in diesem Augenblick öffnet sie den Scheiße-zu-Speise-Konverter.« Ein durchtriebenes Lächeln umspielte seine Lippen. »Na, zufrieden?«

»Ja. Ich denke schon.«

»Und jetzt, meine Lieben, laßt uns die Kammer durchqueren und in die Spiegelwelt eintreten. Allein hab ich Angst.«
Ich blickte in Sondras klare Haselnußaugen. Nie zuvor war ich einer solch schönen Frau so nahe gewesen. »Wenn Sondra mitgeht, gehe ich auch.«
»Okay, Sondra?«
»Was soll's, ich mach mit. Ich werde Fletcher hinüberhelfen. Wir wollen doch nicht, daß er runterfällt auf den Mond mit den ganzen Robotern. Aber, hast du eine Vorstellung, was uns in der Spiegelwelt widerfahren wird, Harry?«
»Da will ich ja hin. Wie's dort aussieht, weiß ich selber nicht... Ich weiß nur, daß ich hinausgegriffen und sie gefunden habe.«
»Gefunden?«
»Jede Realität ist ein Punkt im Superraum«, sagte Harry mit verhaltener Stimme. »Ich versteh jetzt alles viel, viel besser! Der Superraum hat unendlich viele Dimensionen, eine Dimension für jede erdenkliche Frage, die man über die Welt stellen kann. Jedes Universum repräsentiert 'ne bestimmte Anzahl von Antworten, 'nen bestimmten Ort im Superraum. Ich griff hinaus und fand die eine, die ich wollte, die Spiegelwelt.«
»Und was ist mit den vier anderen Welten?«
»Das sind... das sind andere Dinge, über die ich nachgedacht habe. Ich versteh sie inzwischen schon ganz gut. Einige meiner kleinen Echomännchen haben sie bereits inspiziert. Aber, kommt jetzt, laßt uns in die Spiegelwelt eintreten! Und du, Antie, paß gut auf, daß sich niemand am Blanser zu schaffen macht, während wir unterwegs sind.«
»*Check*, Harry.«
Auch ohne Flügel konnte Sondra fliegen, und Harry konnte es natürlich sowieso.
Jeder von ihnen ergriff einen meiner Arme, und wir flogen die zwei Meter durch die Blanskammer.
Die Aussicht aus der Kammermitte war einfach atemberaubend und überraschend. Schwerkraft gab's hier nicht, und die sich überschneidenden Ausblicke durch die verschiedenen Türen nahmen einem jedes Gefühl für oben und unten. Hyperquader,

Amöben, unendliche Klippen, Raum-Roboter... all das vermischt mit Ausblicken auf Harrys Werkstatt. In dem Raum, auf den wir zuhielten, war im Verhältnis zu dem, den wir verlassen hatten, alles auf den Kopf gestellt und spiegelverkehrt.
Ich fragte mich, wie es dort wohl sein würde.

Spiegelwelt

Als wir in die Spiegelwelt gelangten, nahm deren Schwerkraft plötzlich überhand und drückte uns hinab zu Boden. Ich zog den Kopf ein und landete auf meinen Schultern. Als ich wieder auf den Füßen stand, blickte ich durch die magische Pforte zurück in die Welt, die wir soeben verlassen hatten. Antie stand da, neben der Tür, und guckte uns zu. Es war schwer, nicht das Gefühl zu haben, es sei der Roboter, und nicht wir, der auf dem Kopf stand.

Die kleinen Harry-Abbilder flogen hinter uns her und scharten sich zusammen, wie sie es in meinem Auto getan hatten. Jeder einzelne sprang in die Jackentasche des Nächstgrößeren. Es dauerte nur wenige Sekunden. Dann schoß das größte der Echomännchen in die Jackentasche des echten Harry.

»Schließen wir vorsichtshalber die Tür«, schlug Harry vor. »Damit sich nichts davonmachen kann in unsere Welt.«

»Okay.«

Ich packte mit an, als Harry die schwere kupferbeschlagene Tür zuschlug. Obwohl es in der Welt, die wir soeben hinter uns gelassen hatten, spätabends war, war es hier wie früher Vormittag. Sonnenlicht flutete durch die Fenster und erhellte die spiegelverkehrte Werkstatt.

»Also«, sagte Sondra. »Was machen wir jetzt?«

»Gehn wir in ein Restaurant!« schlug ich vor. »Wir zischen ein Bier und hören uns an, was die Leute sich so zu erzählen haben. Ich hoffe, daß die Zeit hier nicht rückwärts läuft.«

»Nicht doch«, beruhigte Harry mich. »Schau her!« Er nahm ein Buch in die Hand und ließ es fallen. Es fiel auf den Boden. »Wür-

de unsere Zeit nicht zu der dieser Welt passen, wären wir Zeugen gewesen, wie dieses Buch in meine Hand hoch geflogen wäre.«
»Ist mir klar«, sagte ich und beugte mich über das Buch. »Aber, guck mal, die ganze Schrift ist ja rückwärts gedruckt.«
»Na gut, das ist nichts Besonderes. Alles hier ist seitenverkehrt. Wenn wir erst mal auf die Straße gehen, werden uns wahrscheinlich noch alle möglichen Unterschiede auffallen. Genau wie Carrolls Alice. Machen wir uns auf den Weg! Wir haben nicht mal zwei Stunden...«
Wir fanden die Tür aus Harrys spiegelverkehrter Werkstatt und standen plötzlich draußen. Die Straßen waren *sauber*, das war das erste, was mir auffiel. Die ganze Stadt war herausgeputzt, glänzte in einem kranken prunkvollen Schein. Blitzblanke Autos, durchweg die neuesten Modelle, eilten wohlgesittet und fließend vorbei, während auf den Trottoirs geschniegelte Fußgänger hin- und hermarschierten wie Spielzeugsoldaten. In seinem schlampigen Aufzug hätte Harry nicht unpassender wirken können. Zum Glück waren die winzigen Harrys außer Sicht. Diese Stadt erinnerte nicht im geringsten an New Brunswick: Davon abgesehen, daß es sauber war, lag auf dem Ganzen noch ein Hauch des Orientalischen. Die Tatsache, daß niemand hier lächelte, war mir nicht geheuer.
»Entschuldigen Sie«, sagte ich, indem ich auf eine Frau mit hochgeschlossener Bluse und Stehkragen zutrat. »Gibt's hier in der Nähe 'n Restaurant? Eins, das Bier ausschenkt?«
Ihre Lippen wurden ganz schmal. »Ich werde Sie dafür anzeigen, Sie... Sie Abschaum.«
»Biertrinken ist illegal?« wagte ich zu sagen und hoffte, das Gespräch damit in Gang zu halten.
»Lassen Sie mich vorbei!«
»Warten Sie doch«, protestierte Sondra. »Wir sind aus einer anderen Welt und kommen gerade erst hier an, und...«
»Geister!« kreischte die Frau mit dem Stehkrägelchen. Zwei Herren in dreiteiligen Anzügen eilten ihr zu Hilfe.
»Laß uns fliegen!« schlug ich vor.
Harry und Sondra ergriffen mich wieder an den Oberarmen und

wir schossen in die Höhe. Auf der anderen Straßenseite stand ein Bulle, er brüllte irgendwas und legte mit seinem Lasergewehr auf uns an.
Wir wischten über die Dächer in Sicherheit und landeten auf dem Parkplatz eines Supermarkts. Zum Glück bemerkte uns niemand.
»Ist dir eigentlich klar, was für 'ne Welt das ist?« fragte ich Harry.
»Tja...«
»Das genaue Gegenteil von allem, was du magst. Saubere Straßen, bescheuerte Weiber, kein Bier. Alles ist nach rückwärts gerichtet, du Idiot.« Ein paar Häuserblocks entfernt hörte ich Sirenen heulen.
»Um Himmels willen, die Polizei«, klagte Sondra. »Nun tu doch schon was, Harry!«
»In Krisenmomenten bin ich nicht so... nicht so gut«, winselte er. »Frag Fletcher, was wir tun sollen.«
»Gehn wir in den Supermarkt«, schlug ich vor. »Wenn sich alles beruhigt hat, kehren wir zurück zu unserer magischen Tür.«
»Okay.«
Anstelle der üblichen Glastüren war dieser Supermarkt mit einer Art Luftvorhängen versehen. Sie bestanden aus einem kalten Luftstrom, der aus einem oben befindlichen Schlitz herausgeblasen und in einen an der Türschwelle befindlichen Schlitz eingesogen wurde. Wir segelten hinein und blickten uns um. Au, Mann...
Null-Calo-Cola, TV-Minuten-Gerichte für die magere Linie, Diät-Junk, und alles schwer vitaminisiert. Dies Futter versinnbildlicht einen Realitätsrückzug zweiten Grades: künstlich hergestellte Nahrungsmittel, die zusätzlich behandelt worden waren, um sie überhaupt genießbar zu machen. Was Echtes, Herzhaftes war nirgendwo zu sehen: kein Fleisch, kein Gemüse, kein Alkohol.
Allmählich hatte ich die Nase voll... »Was hättest du denn gerne, Harry? Du kannst sicher sein, das gibt's nicht... Mein Gott, was bist du für ein Blödmann! Wer sonst begibt sich in 'ne Welt, in

der alles, was er gern hat, genau andersherum ist? Guck dir diese Scheiße doch nur mal an!« schimpfte ich und kickte gegen einen Behälter Napfkuchen mit einem garantierten Gehalt von einer Kalorie...
»Paß auf, was du sagst, mein Junge!« Ein stiernackiger Bursche, wahrscheinlich der Manager, streckte den Kopf hinter irgendwelchen Regalen hervor und starrte uns wütend an. Ein grobes, humorloses Gesicht. Als er Sondra gewahrte, färbten sich seine Wangen zornesrot. »Und schafft das Flittchen hier raus! Sie hat ja praktisch gar nichts an!«
Natürlich stand ich Sondra zur Seite. Nun gut, sie hatte gewaltige Brüste und ein tiefausgeschnittenes Kleid, aber deshalb standen *wir* ihr doch noch lange nicht ablehnend gegenüber. Im Gegenteil... Mit drohender Gebärde ging ich auf den Manager zu. »Passen *Sie* lieber auf, was Sie sagen, Freundchen. Gib's ihm, Harry!«
Sonst war niemand in der Nähe, also zögerte Harry nicht lange und versetzte dem Typen einen Haken in die Magengrube. Bei den Superkräften, über die Harry verfügte, ließ der Schlag den Manager zusammenklappen wie ein Taschenmesser. Um bei Sondra ebenfalls Eindruck zu schinden, griff ich mir den Kerl und ließ mit aller Wucht meine geballte Faust auf den Buckel zwischen seinen Schulterblättern niedergehen.
Zu meiner Überraschung war der Buckel weich. Mit einem gedämpften *Pflotsch*! platzte er auf, und ein feuchter Fleck erschien auf dem Kittel des Managers. Sein Körper sank zusammen, zuckte noch ein paar Male, dann war er tot.
»Oh, mein Gott«, sagte ich voller Entsetzen. »U-umbringen wollte ich ihn nun wirklich nicht. Hab doch nie gedacht, daß...«
»Ich werd das mal rasch beseitigen, bevor es irgend jemand sieht«, sagte Harry bemüht. »Teleportation kann ich auch. Nur mal...«
Harry kniff die Augenbrauen zusammen, und auf einmal war die Leiche verschwunden. Ich fühlte mich plötzlich viel besser. So übel war diese Welt nun auch wieder nicht, oder?

»Das war nicht gut«, meinte Sondra. »Gehn wir!«
»Eigentlich könnten wir doch noch 'n paar Sechserpack Sodawasser mitnehmen«, schlug ich vor. »Wenn wir erst wieder draußen sind, kann Harry es in Bier verwandeln. Dann reißen wir uns 'n Auto untern Nagel und fahren ein bißchen rum.«
»Gesunde Einstellung, Fletch. Die alte Wasser-zu-Wein-Masche...«
»War aber sehr lieb von euch zweien, mir beizustehen«, sagte Sondra gedankenverloren. »Es ist nicht immer angenehm, schön zu sein... Meint ihr, unser Geld taugt hier was?«
»Werden wir sehn. Macht euch auf alles gefaßt.«
Wir stellten uns zu der Schlange vor der Kasse. Ein paar Leute bedachten Sondra unentwegt mit lust- und haßerfüllten Blikken, aber für den Augenblick war alles cool. Ich behielt die Kassiererin im Auge und versuchte, irgendwelchen Trouble vorauszusehen.
Die Kassiererin war eine Blondine mit freundlichem Gesichtsausdruck, auf ihrem Namensschildchen stand *Brennita*. Sie trug ein Goldkettchen mit einem Anhänger... einen kleinen silbernen Stuhl. Mit einem elektronischen Lesestift fuhr sie über die Packungen, die die Leute gekauft hatten. Überall war eine Markierung aus dicken und dünnen Linien drauf, ein Strichcode, genau wie bei uns zu Hause. Der Stift war über eine Spiralkordel mit einer Konsole verbunden, in die die Informationen eingespeist wurden. Am Schluß nannte Brennita dann aber keine Gesamtsumme, sondern fuhr mit dem Stift über die Stirn der Kunden. Wie es aussah, mußte allen Leuten hier eine Art unsichtbarer Strichcode auf die Stirn tätowiert sein. Ein wirksames System, das stand mal fest: Ein zentraler Computer konnte die Einkäufe in Realzeit von den jeweiligen Bankguthaben abbuchen. Was würde aber geschehen, wenn man sein Konto überzog?
Das sollte ich schneller erfahren, als gedacht. Vor uns stand ein rattenähnlicher schmieriger Lump mit einer Tube Käse und drei Flaschen Hustensaft. Ein abstoßendes Individuum, zweifellos einer von der Sorte, die mühelos in die roten Zahlen geriet.

Brennita schien ähnliche Gedanken zu hegen und sprach ihn mit Namen an. »Nun, Abie, bist du sicher, daß du genug Kredit hast?«
Abie knurrte irgendwas Unzusammenhängendes und schob ihr seine Sachen hin. Sie zuckte die Achseln und fuhr erst über die Packungen und dann über den unsichtbaren Code auf Abies Stirn. Nichts geschah, und ich atmete erleichtert auf. Als nächste waren wir dran. Ich langte in meine Tasche und fühlte nach ein paar Scheinen. *Bestimmt* konnte man auch bar bezahlen. Darauf hoffte ich, denn auf der Stirn hatten wir nichts, und das könnte...
FFZZZAAAAAATT!
Ein enormer elektrischer Vorhang ging am Eingang des Supermarkts nieder. Die beiden Schlitze oben und unten waren gleichzeitig Elektroden, ungeheure Kraftquellen, die so programmiert waren, daß sie jeden, der sein Konto überzog, auf der Stelle rösteten. Abies Asche bäumte sich gespenstisch auf. Der Bodenschlitz saugte sie blitzschnell weg.
»So was aber auch«, seufzte Brennita. »Schon der zweite diese Woche. Diese Leute haben's wirklich schwer, wissen Sie, ist dies doch die einzige Methode, um einzukaufen. Und Sie wollen nur das Sodawasser?« Mit einemmal entdeckte ich, daß der kleine silberne Stuhl, der an Brennitas Kette hing, ein elektrischer Stuhl war.
»Mmh, warten Sie.« Ich zog ein paar Geldscheine aus der Tasche. »Können wir bar bezahlen?«
Das freundliche Gesicht der Kassiererin verzog sich zu einer ärgerlichen Miene. »Macht ihr Witze? Nun kommt schon: Bei wem soll ich's abbuchen?« Sie bewegte den Lesestift auf meine Stirn zu. Gott allein wußte, was geschehen würde, fände man heraus, daß wir keinen Strichcode hatten.
»Harry! Schaff uns hier raus!«
Ein Augenblick der Orientierungslosigkeit, und schon waren wir wieder draußen auf dem Parkplatz. Eine Alarmglocke gellte.
»Wenn du Teleportation bewerkstelligen kannst, Harry, warum

bringst du uns dann nicht einfach zurück in die Blanskammer?«

»Ach! Dann wär der ganze Spaß ja schon zu Ende. Das Superzeug will ich auf 'n Minimum beschränken. Und wozu denn die Eile? Wir sind doch gerade erst angekommen!«

»Laßt uns ein Auto stehlen, wie's Joe vorgeschlagen hat«, drängte Sondra. »Ich habe mir schon immer so was gewünscht... die tolle Blondine in einem Fluchtfahrzeug.«

»Wozu ein Fluchtfahrzeug? Bei dieser mageren Beute...« bemerkte ich säuerlich.

»Das Sodawasser!« Hübsch anzusehen, wie Sondra die beiden Sechserpacks in die Höhe hielt. Sie sah aus wie Marylin in *Nicht gesellschaftsfähig*.

»So, jetzt ist es Bier«, sagte Harry. »Nehmen wir doch den Caddie da.«

Wir stiegen in einen riesigen weißen Cadillac mit schwarzen Lederpolstern. Sondra setzte sich vorn neben Harry, und ich ging mit dem Bier nach hinten. Schön war's da drin und geräumig, fast so groß wie unser Schlafzimmer, zu Hause in Princeton. Ich fragte mich, ob Nancy sich bereits Sorgen machte.

Harry startete den Wagen und rollte vom Platz.

»Es muß doch in dieser Stadt auch Nutten-Viertel geben«, murmelte Harry vor sich hin, indem er sich in den Verkehr einfädelte. »Da sollten wir hin. Dort finden wir bestimmt jemand, der uns aufklärt, was hier eigentlich los ist. Ich meine, wir sollten versuchen, die Regierung zu stürzen.« Harry umkurvte ein paar Autos und lachte begeistert auf. Wir wurden immer schneller.

»Hey! Klasse!« kicherte Sondra. »Joe, gib mir mal'n Bier.«

»Ihr zwei werdet mir viel zu keck«, warnte ich. »Wenn uns die Bullen von hinten beballern, sind Harrys Superkräfte nicht die Bohne wert.« Widerwillig öffnete ich drei Bier. *Ahhh*!

Harry stellte das Radio an. Natürlich sofort ein Evangelist...

»... Haß«, sagte es aus dem Radio. »Ja, *Haß*, meine Mit-Herberiten. Gary kam, um Haß zu predigen. Ich weiß, wie merkwürdig sich das für einige von euch, draußen an den Radios, anhören mag, aber das ist *keine* Frage der Konjektur. Gott haßt die Ungläubigen ebenso, wie der Ungläubige Gary Herber haßt. Ja, meine Freunde, so lautet die Wahrheit. Seht euch nur die Fakten an! Auf der einen Seite haben wir Seth und Gary Herber, die das unbefleckte Heil der Göttlichen Gesetze bringen. Auf der anderen Seite haben wir die Ungläubigen mit ihren überzogenen Konten und ihrer öffentlichen Elektrokution. Seth Herber starb, ja, er starb für die Menschheit. Aber gepriesen sei die Szionisation, dank derer Gary Herber mit Tausenden von uns lebt, meine Freunde, und er ist bereit...«

Ein Lasereinschlag zertrümmerte unser Rückfenster... Bullen, die rasch aufholten... Ich kugelte mich auf der Sitzbank zusammen. »Zeit für Teleportation, Harry. Kannst du den ganzen Wagen mitnehmen?«

»Kein Problem.«

Wieder Orientierungslosigkeit, dann rollten wir mit abgestelltem Motor eine Straße hinab, die von verlassenen, weißen Stuckgebäuden im maurischen Stil gesäumt wurde. Die flachen Dächer waren von einer Art Brustwehr umsäumt. Vom Himmel die erbarmungslose Mittagssonne. Die Sirenen verklangen in der Ferne. Harry fuhr an den Bordstein. Hielt an. Wir stiegen aus. Hinter den zerbrochenen Fensterscheiben der Häuser huschten Schatten hin und her.

»Hier sieht's schon mal nicht schlecht aus«, sagte Sondra, die strahlende Schönheit in ihrem weißen Abendkleid. Sie leerte ihr Bier und warf die Dose aus dem Fenster. »Ich frage mich, wie dieser Gary-Typ wohl ist.«

Von einer der umliegenden Dachterrassen flog ein Stein herab und zertrümmerte unsere Windschutzscheibe.

»Ich wollte, wir hätten jeder 'ne Kanone«, sagte ich.

»Schau mal in den Kofferraum«, schlug Harry vor.

Natürlich war der Kofferraum unverschlossen, und da lagen auch drei knallbunte Plastikpistolen, so richtig SF-mäßig, mit Flossen und Knöpfen und allem Drum und Dran.

»Ein Materie-Desintegrator«, sagte Harry und gab mir die purpurrote. »Mit diesem Drehknopf kannst du den Strahl fächerförmig verbreitern.«

»Danke.«
»Sondra, du nimmst die pinkfarbene; das ist ein Demotivator. Hält alles in der Bewegung an.«
»*Uuuuuh*!« quietschte sie und nahm ihr Spielzeug in die Hand. Sondra fing jetzt wirklich an, ihre neue Weiblichkeit auszuspielen. Sie hatte viel Zeit vergeudet, bis sie mal schön war.
»Und ich behalte die grüne.«
»Was bewirkt *die*, Harry?«
»Läßt die Zeit rückwärts laufen.«
»*Ooooooh*!« Sondra wirbelte ihren hübschen Blondschopf. Sie und Harry hatten Spaß... und ich wünschte, ich könnte relaxen und dies ebenfalls genießen.
Drei weitere Steine flogen gerade vom Dach, für jeden von uns einer. Wir hoben unsere Pistolen und drückten ab.
Mein Stein zersprang in tausend Stücke und war verschwunden. Sondras Stein hörte auf zu fallen und blieb in halber Höhe in der Luft hängen. Harrys Stein änderte die Richtung und flog zurück aufs Dach, dorthin, von wo er gekommen war. Ein entfernter Schrei ertönte.
»Fliegen wir doch aufs Dach und lernen wir unseren Freund mal kennen!« schlug ich vor.

Die Göttlichen Gesetze

Oben auf dem Dach trafen wir einen hageren Mann an mit einem weichen Filzhut auf dem Kopf. Der Stein, den Harry zurückgeworfen hatte, lag zu Füßen des Mannes. Sondra gefror ihn mit dem Demotivator, und wir durchsuchten ihn. Er schien sauber: keine Waffen, keine scharfen Gegenstände.

»Check mal seinen Hut«, sagte Harry.

Wie erwartet, verdeckte das Schweißband einen Ring gedruckter Schaltungen und Mikrosonden. Offensichtlich hatte der Hut dem dünnen Mann Signale ins Hirn gefunkt und empfangen... wahrscheinlich zur Genußsteigerung. Der Typ machte den abgeschlafften Eindruck eines Stimulations-, eines Stimu-Süchtigen.

»Okay, Sondra«, sagte Harry, »schalt deinen Puster ab.« Harry war leichtsinnig, er nahm viel zu viele Risiken auf sich. Ich beschloß, der Sache ein Ende zu machen.

»Wart noch 'ne Sekunde, Sondra. Laß mal alles, wie's ist. Bevor hier noch wer weiß was passiert, sollten wir drei uns unterhalten, meine ich. Wie spät ist es jetzt?«

»Halb elf«, sagte Harry und blickte auf die Uhr. »Mach du mal weiter, Sondra...«

»Wirst du mich vielleicht gnädigerweise mal ausreden lassen? Es ist halb elf. Heißt das, wir haben noch eineinhalb Stunden Zeit?«

»Yeah, stimmt. Donnerstag mittag hier paßt genau mit Sonntag mitternacht in New Brunswick. Alles rückwärts, kinderleicht.«

»Was?«

»Von *Donnerstag mittag* bis *Sonntag mitternacht* sind es in beiden Richtungen dreieinhalb Tage, folglich…«

»Werde ich nach zwölf noch fliegen können?« mischte Sondra sich ein. »Und werde ich immer noch so aussehen?« Ich wandte mich von Harry ab und sah sie an. Die Bewegung ihrer Lippen, wenn sie sprach. Das Timbre ihrer Stimme – wie gehaucht. Ihr platinblondes Haar. »Weil… ich gewöhne mich dran, und ich glaube, ich könnte für den Wissenschaftlichen Mystizismus eine Menge Gutes tun. Müssen wir wirklich durch die magische Tür zurück, bevor es zwölf schlägt, Harry?« Sie klimperte mit ihren langen Augenwimpern.

»Yeah«, sagte Harry und ließ seinen Arm um ihre Taille gleiten. »Was ich geändert habe, wird bleiben, aber die magischen Pforten werden nicht länger funktionieren. Sie offen zu halten, ist wie eine ununterbrochene Reihe von Wünschen. Wenn wir nicht aufpassen, könnten wir in dieser Spiegelwelt auf immer gefangen sein. Aber nur keine Bange, ich werde uns schon rechtzeitig zur Tür teleportieren.«

»Und was ist jetzt?« wollte ich wissen. »Jetzt, wo wir noch ganz und gesund sind…«

»Du bist zu ängstlich, Fletcher. Gefällt's dir denn hier gar nicht? Ich amüsier mich prächtig.»

Allmählich dämmerte mir was. »Das hier ist wirklich die perfekte Welt für dich, Harry, stimmt's? Von allen möglichen Welten im Superraum ist das bestimmt diejenige, die du dir aussuchen würdest, wenn du alle beisammen hättest!«

»Du hast's erraten«, antwortete Harry mit breitem Grinsen. Im grellen Sonnenlicht sah sein Gesicht wie eine Schwarzweißfotografie aus. Das Dach war gefliest, die Brustwehr etwa hüfthoch. Von der Mitte des Daches aus führte eine Treppe nach unten. »Wozu die Superkräfte, wenn man keine Welt hat, die es zu retten gilt?« Harry fuhr fort: »In den nächsten anderthalb Stunden werden wir uns Gary Herber kaufen und ihn abmurksen. Die Leute hier werden uns ewig dankbar sein. Ich bin noch keiner Religion begegnet, die im Kern nicht gottlos und schlecht war.«

»Gary Herber.«
»Gary Herber, von dem der Prediger im Radio gesprochen hat. Als Prophet 'ne große Nummer, wie's scheint. Ich schätze, daß alles Schlechte hier auf Herbers Konto geht.«
Gary Herber. Ich ließ mir den Namen durch den Kopf gehen. Natürlich. Ich fing an zu begreifen... »Ich schätze, du weißt, wer Gary Herber wirklich *ist*, Harry? Weißt du's?«
»Harry Gerber!« quietschte Sondra. »Gary Herber!«
Harry schien ein wenig unruhig. *Das* hatte er nicht gewußt. »Öhm...«
»Es ist dein Spiegelselbst«, sagte Sondra. »Deine andere Natur. Du hast die unterdrückte Seite deiner Persönlichkeit objektiviert, um mit ihr zu kämpfen. Jung hätte seine Freude an dir!«
Harry wurde immer unruhiger. »Verdammt. Ich hoffe, dieser Herber sieht mir nicht zu ähnlich.«
Harry so besorgt zu sehen, tat mir unendlich gut. »Du kennst den Spruch, Harry. *In jedem Dicken steckt ein Dünner, der sich zu befreien sucht*. Gary Herber müßte demnach spindeldürr sein. Und sauber.« Mein Mund verzog sich zu einem gequälten Grinsen.
»Unser Harry ist nicht schmuddelig«, quietschte Sondra vergnügt. »Das *bist* du doch... Honey?« Sie kicherte schrill und kniff Harry in die Wange.
»Du kannst deine Kanone jetzt abschalten, Sondra.«
Sondra ließ die hübsche pinkfarbene Pistole sinken, und der dünne Mann begann Worte zu formen. »Ich brauche meinen Hut.« Seine dünnen Lippen verzogen sich zum schwachen Lächeln eines Gentlemans. »Die Sonne ist sehr intensiv hier oben.«
Ich hielt den Hut außer Reichweite. »Nur einen Augenblick. Wozu die ganze Verkabelung im Schweißband hier? Und warum haben Sie mit Steinen nach uns geworfen?«
»Ich brauche meinen Hut... wirklich, Mister.« Seine Stimme raschelte wie Papier in weiter Ferne. Ich zögerte immer noch, und sein schwaches Lächeln verformte sich zu einem schmerzverzerrten Riß im Gesicht. Sein ganzer Körper begann zu zit-

tern, doch seine stumpfen, ausgebrannten Augen blieben ruhig. »Mir geht's nicht besonders gut.«
»Er ist ein Kabelkopf«, sagte Harry. »Sein Hut ist eine Stimu-Einheit. Gib ihm seinen Deckel.«
Ich gab dem dünnen Mann den Hut zurück. Mit präzisen, ruckartigen Bewegungen hatte er ihn im Handumdrehen auf seinem knochigen Schädel. Seine Augenlider senkten sich, und das Zittern hörte auf.
»Ich seh mit meinem Mund«, murmelte er. »Sollte häufiger mal aussetzen. Gehirnlappen werden knapp.« Er kriegte die Augen wieder auf und fixierte mich. »Sie sind ganz schön anstrengend, mein Lieber.«
»Können Sie uns helfen?« fragte Harry. »Wir kommen aus einer anderen Welt und sind entschlossen, Gary Herber zu töten.«
Der Fremde lachte still in sich hinein. »Was für 'n Spaß, Mann. Was für 'n Spaß. Aber Herber, fast 'ne Nummer zu groß. Früher mal, da war er nichts weiter als 'n Rüpel und 'n Hirn voller Wahrheit. Aber seitdem sie ihn auf dem elektrischen Stuhl schmorten...« Der Mann in dem Hut lachte wieder in sich hinein und schweifte weit vom Thema ab. »Ich hatte 'nen Stand, und da verkaufte ich Splitter dieses elektrischen Stuhls. ›Reliquien von der Szionisation‹, verstehn Sie, mit ranziger Butter beschmierte Holzsplitter...« Er machte eine Pause, um mir einen unverschämt anzüglichen Blick zuzuwerfen, und sagte dann: »Ich warf die Steine, weil Sie so unwirsch aussehen.«
Ich räusperte mich. Was für einen Fremdenführer hatte uns Harry da nur herbeigeträumt...: »Ich bin Joe Fletcher, und das sind Sondra und Harry.«
»Joe.« Mit kühlen Fingern berührte er mein Gesicht. »Es ist ein ausnehmend seltenes Vergnügen, einen intelligenten Menschen kennenzulernen. Ich bin Tad Beat.«
»Wie sieht's mit 'nem Drink aus?« fragte Harry. »Haben Sie zufällig Whisky?«
»Genug, um euch Burschen bis zur Bewußtlosigkeit abzufüllen. Gehn wir auf meine Bude.«
Wir folgten Tad die Treppe hinab. Seine Wohnung bestand aus

einem sehr großen Raum im obersten Stock. Auf dem Fußboden und an den Wänden waren orientalische Teppiche. Ein schmales Bett, ein paar Schachteln Nahrungsmittel, ein Schreibtisch mit Papieren und einer Schreibmaschine vervollständigten die Einrichtung.
»Das weckt bestimmt die Lebensgeister«, murmelte Tad und wühlte unter seinem Bett. »Was der alte Doktor verschrieben hat, hält einem auch die Hirnis vom Hals.« Damit zog er eine Flasche hervor, gefüllt mit einer öligen Flüssigkeit.
Harry nahm einen Schluck, wischte sich den Mund ab, dann reichte er Sondra die Flasche. Sie schüttelte den Kopf und gab mir die Flasche. Schwarzgebrannt, scharf und bitter. Den halben Mundvoll, den ich genommen hatte, spuckte ich gleich wieder aus und hielt Tad die Flasche hin. Kabelköpfen traute ich nicht.
»Erzählen Sie uns noch was über Herber«, bat ich Tad. »Hat er eine neue Religion gegründet, oder was? Sie sagten, er wurde auf dem elektrischen Stuhl hingerichtet?«
»Du bist wirklich wo*anders*«, sagte Tad. »Mr. Nobody von Nirgendwo... Hier: Zieh dir das mal rein, geeignet für Fünf- bis Dreizehnjährige.«
Er reichte mir einen Comic, eines jener bunten Hefte, die ein Kind schon mal vom Bibelunterricht mitbringt. Auf dem Umschlag war ein sanftes Riesenhirn mit einem Heiligenschein abgebildet. Das war Gary? Um das Hirn herum wimmelte es von lachenden Kindern, jedes mit einem Buckel auf dem Rücken. Mir fiel ein, daß ich auf der Straße eine Menge Leute mit extrem runden Schultern gesehen hatte... Aber warum sollte man nach dem Erlöstwerden als Buckliger durchs Leben laufen? Ich spürte, allmählich dämmerte mir was, und ich las den Comic Bild für Bild. Die Schrift war spiegelverkehrt, aber daran gewöhnte ich mich rasch.

1. Garys Eltern waren Wissenschaftler. Zwei saubere Leute in weißen Laborkitteln. Sie hält ein Reagenzglas, er einen Geigerzähler.
2. Ihre Welt war voller Probleme. Waffen, zerbrochene Schnaps-

flaschen, blutverschmierte Gesichter, im Hintergrund psychedelische Musiksymbole.

3. Und Gott war in Vergessenheit geraten. Ein Betrunkener schläft auf den Stufen zu einem geplünderten Tempel.
4. Gott sprach zu Garys Eltern. Sie stehen in einem von Maschinen vollgestopften Raum und halten verklärte Gesichter gleißendem Licht entgegen.
5. Und sagte, was sie tun sollten. Sie steht über ein Mikroskop gebeugt, während er sich mit Zangen an radioaktivem Material zu schaffen macht. Sie hat einen dicken Bauch.
6. Gary Herber wurde am 25. Juni geboren. Die Eltern beugen sich über eine strahlende Wiege. Die Wiege birgt ein nacktes Gehirn mit dem Rückenmark.
7. Garys Bruder, Seth, hatte Angst. Das Gehirn schwimmt in einem Behälter mit einer Nährlösung. Hinter einem Türpfosten ein schmutziger, unangenehmer Junge, der es anblinzelt.
8. Gott befahl Seth, teilzuhaben. Seth kniet neben dem Behälter mit dem Gehirn. Sein Gesicht blaß vor religiöser Ekstase.
9. Seth und Gary wuchsen zusammen. Gary sitzt auf Seths Nacken. Seth ist sauber und glücklich, er schreibt Antworten an eine Tafel.
10. Sie fingen an, Gottes Gesetze zu lehren. Hager und charismatisch steht Seth auf einer Seifenkiste und hält eine Predigt. Das nackte Hirn ist unter Seths Mantel verborgen.
11. Dies sind Gottes Gesetze. Eine Steintafel mit drei eingemeißelten Gesetzen:

GOTTES GESETZE
I: FOLGT GARY
II: SEID SAUBER
III: LEHRT GOTTES GESETZE

Mit einer fahrigen Bewegung hielt Tad mir die Flasche wieder unter die Nase. Widerwillig blickte ich von meinem Comic auf. Die Flasche war fast leer, und Harry betrunken. Er saß auf Tads Bett und hatte einen Arm um Sondra gelegt. Sie knutschten.

»Nein, danke, Tad«, sagte ich und widmete mich wieder meinem Comic. »Stimmt das alles?«
»Sie vergaßen zu erwähnen, wo Gary austickte und einer Frau das ganze Rückenmark aussoff. Sie kratzte ab, und die Herbers kriegten den Stuhl.«
Ich las weiter.

12. Garys Jünger hatten an ihm teil. Ein lächelnder Seth setzt Gary auf den entzückenden bloßen Rücken einer Frau. Im Hintergrund eine jubelnde Menge.
13. Aber es gab auch Feinde. Drei dunkle Gestalten mit heruntergezogenen Augenbrauen sitzen mit Spielkarten und Whisky um einen Tisch. Der eine zeigt seinen hämisch grinsenden Kollegen eine amtliche Verfügung.
14. Seth und Gary wurden verhaftet. Gesichtslose Polizisten in Terrorbearbeitungskluft zerren den buckligen Seth von heulenden Frauen und Kindern weg.
15. Die öffentliche Hinrichtung auf dem elektrischen Stuhl. Seth wird auf einem elektrischen Stuhl festgeschnallt. Ein spezielles Kabel führt zu Gary, der splitternackt auf Seths Rücken hockt. Eine große Zuschauermenge.
16. Die Gesegnete Szionisation. Seths sterbliche Überreste rauchen noch. Aber Gary ist größer als zuvor. Er bläht sich auf wie ein Blumenkohl, und kleine Stücke spalten sich von ihm ab.
17. Schon bald war Gary überall. Eine ganze Armee von Männern, Frauen und Kindern, jeder mit einem nackten Hirn auf seinem oder ihrem Rücken. Sie errichten einen Palast.
18. Willst nicht auch Du teilhaben? Die Steintafel mit Gottes Gesetzen, der elektrische Stuhl und ein fröhliches Gehirn treiben in weißem Licht dahin.
19. Kommt am Donnerstag in den Palast. Zwei glückliche Kindlein, ein Knabe und ein Mädchen, gehen die marmornen Stufen zu einem prächtigen weißen Gebäude hinauf.

Ich klappte das Heft zu und blickte auf. Tad und Sondra stritten miteinander. Harry war inzwischen völlig hinüber, Tad hatte ihm noch eine Flasche geöffnet.

»Warum geben Sie ihm so viel zu trinken?« wollte Sondra wissen.
»Tja, wissen Sie... der Anblick eines, der jede Minute austicken kann, erregt mich eben«, sagte Tad, griff nach oben und fummelte an seinem Hutband herum. »Ich mag's, sie wie Eier aufzuschlagen und das wunderbar schlabbrige Zeug, das raussickert, aufzuschlürfen.«
Sondra blickte Tad voller Abscheu an. »Sie sind schrecklich! Ein Kabelkopf, ein Säufer, ei-ein Schwuler...«
Tad starrte sie lüstern an. »Was sind das nur für seltsame Gefühle, die über mich kommen, wenn ich diese Brüste sehe? Nein, nein!« Schützend hob er die Hand vors Gesicht, rutschte dann zu mir herüber und schloß seine Arme um mich. »Du und ich, Joe, wir zwei könnten wunderbar zusammen existieren.«
Harry genoß die Szene mit trunkenem Vergnügen.
»Wir haben nicht mehr viel Zeit«, sagte ich und wehrte Tads Annäherungsversuche ab.
Harry nahm einen Schluck aus der neuen Flasche und warf sie Tad wieder zu. Ich konnte mir nicht vorstellen, wie sie das Zeug überhaupt im Magen behalten konnten. Mir war von dem einen Schluck immer noch schlecht.
»Sie brauchen uns nur zu sagen, wo wir Gary Herber finden, und wir werden uns auf den Weg machen«, sagte Sondra.
»So einfach, wie wir uns das dachten, wird es nicht sein«, sagte ich zu ihr. »Herber ist überall. Er ist eine Art Parasit, der den Leuten auf dem Rücken hockt. Aber... was hast du da vorhin von einem Palast gesagt, Tad?«
»Garys Palast«, sagte Tad gedankenverloren lächelnd, »zehn Häuserblocks von hier, in östlicher Richtung. Der Palast ist für den Oberherrn, der die Leute verarscht. Wir werden ihn mit der Pink-Kanone festhalten und dann fertigmachen. Am besten knallhart im Fernsehen, damit die braven Bürger daheim von der Ernte ordentlich was mitkriegen.« Tad schien fast so besoffen wie Harry.
Sondra und ich warfen uns besorgte Blicke zu. Elf Uhr war längst vorüber.

»Wir müssen jetzt wirklich mal los«, drängte ich erneut.

»Willst du nicht meinen Hut ausprobiern, Joe? Da ist 'ne Linkes-Hirn/Rechtes-Hirn-Feedbackschlaufe eingebaut... Fühlst dich völlig daneben... aber echt.«

»Nein!« Das war Sondra. »Weg hier, bevor's zu spät ist!«

Wir stiefelten die Steintreppe hinab zur Straße. Harry lehnte schwer auf Tad und mir, während Sondra vor uns her flog.

»Soll ich fahren, Harry?«

»Nei-nein. Ich bin Shupermann. Ich werd sch-nüchtern, wennes sein muß. Tad, hey... Tad: willste 'ne Kanone? Guck ins Han-'schuhfach.«

Tad fischte sich eine schwere .45er Automatik heraus. Dann stiegen wir ein. Zwei Scheiben des Cad waren hinüber – der Bullenlaser hatte die hintere zertrümmert, Tads Wackermann die vordere. Harry trat den Motor, bis er heulend loslegte und den Wagen mit einem riesigen Teleportationshopser in Schwung brachte.

Kissen

Wir flitzten einen breiten Boulevard, eine tropische Allee entlang, die in Doppelreihen von Königspalmen gesäumt wurde: unwahrscheinliche Palmen, jede mit zehn Meter hohem nacktem Stamm, von einem üppig wuchernden grünen Zottelkopf aus schwertförmigen Blättern gekrönt. Die Fahrbahn war mit glattem Marmor belegt. Es herrschte ziemlich dichter Verkehr: Dienstfahrzeuge, Lieferwagen, Omnibusse, Nahverkehrsmittel. Irgendwelche Behinderungen gab es allerdings nicht – jeder fuhr, wie es geschrieben stand. Die Autos bewegten sich wie vorsichtige Ameisen, und die Fußgänger stolzierten einher wie Aufziehpuppen.

Weit vor uns, winzig bei der Entfernung, war ein Kordon aus weißuniformierten Palastwachen zu sehen. Jenseits der Wachen dehnten sich kunstvoll angelegte Gärten aus, die zum eigentlichen Palast, einem mit Minaretten bestückten Gebäude, führten, das entfernt an das Taj Mahal erinnerte.

Tad Beat und ich saßen hinten im Auto. Er drehte seinen Hut hierhin und dorthin und beobachtete mit unruhigem Blick, was vor sich ging. Harry, der vorne saß, räkelte sich sternhagelvoll auf seinem Sitz, grapschte nach Sondras bloßen Oberschenkeln und protestierte jedesmal, wenn sie seine Hand wegschlug, in unartikulierten Tönen. Unser Cadillac schlingerte durch den Verkehr, mehr als einmal entgingen wir tatsächlich haarscharf einem Unfall.

»Der ist bis zu den Ohren abgefüllt«, zwinkerte Tad mir zu und machte eine Kopfbewegung in Harrys Richtung. Eine Hand hatte Tad am Hut, damit ihn der Fahrtwind, der durch die beiden

kaputten Autoscheiben pfiff, ihm nicht vom Kopf riß. »Genau das Richtige, wenn man sich beim Palast rumtreibt. Gegen Schnaps sind die Hirne machtlos. Du, Joe, bist ihnen völlig ausgeliefert. Entweder gehst du drauf, oder du endest als ein Herberit, da kannste Gift drauf nehmen.«
Bei Tads Worten lief es mir eiskalt über den Rücken. So besoffen, wie Harry war, hatten wir nicht die geringste Chance gegen die Palastwache. Würde ich jetzt sterben, wäre ich dann wirklich tot? Wenn man's genau betrachtete, war dies doch nur ein Traum, oder nicht? Trotzdem, was ist, wenn man so was Fürchterliches träumt, daß man, während man träumt, an einem Herzschlag stirbt? Vielleicht ist *jedes Mal*, wenn einer im Schlaf an einem Herzschlag stirbt, der Schlag tatsächlich an einen Traum gekoppelt, einen Traum von überwältigender Macht und Intensität, in dem der Träumende seinen Tod in allen Einzelheiten erlebt. Wer kann das schon wissen?
Die Palastwache war nur noch knappe fünfzig Meter entfernt; sie entdeckte rasch, daß mit uns irgendwas nicht stimmte. Und als wir noch näher kamen, hoben sie die Waffen und legten an.
»Also los«, sagte Harry mit ganz normaler Stimme. Er war wieder nüchtern... reine Willenskraft... das stelle man sich vor. Er setzte sich gerade hin und gab Gas. »Gib's ihnen, Fletch. Du kannst über meine Schulter zielen.«
Ich stellte meinen Desintegrator auf maximale Strahlenbereitschaft und drückte ab. Einmal hatte ich schon gemordet, als ich dem Supermarktmanager das Gary-Geschwür zermatschte. Auf zwanzig mehr oder weniger kam es auch nicht mehr an. Die meisten Wachen zerfielen zu Staub. Die Überlebenden ergriffen die Flucht. Ich würgte einen Mundvoll Magensäure hoch.
Harry behielt seinen Bleifuß auf dem Gas und durchbrach eine Sperre aus Metallgittern. Marmorstufen preschten auf uns zu. Wir nahmen sie, als hätten wir viereckige Räder. Um uns herum wunderschöne Gartenanlagen, geometrische Blumenbeete und Springbrunnen. Mehrere schöne Frauen räkelten sich mit bloßem Rücken auf kurzgeschnittenen Rasenflächen.
Wie ein Speer schoß von einem der schlanken Wachttürme des

Palastes ein hochkarätiger roter Laserstrahl herab. Der Strahl brannte ein Loch in unsere Kühlerhaube, und gleich darauf blieb der Motor stehen.

»Laß mich mal machen«, sagte Harry und richtete seine zeitumkehrende Strahlenkanone gegen die hoch auf dem Turm installierte Laserwaffe. Unser Motor sprang wieder an, das Loch auf der Kühlerhaube schloß sich, und die Laserenergie kehrte zu ihrer Quelle zurück. Aus dem schlanken Minarett drang Rauch… Rauch und Schmerzensschreie.

Unser Cadillac rumpelte die letzte Marmortreppe hinauf und kam hustend zum Stehen. Mit schußbereiten Waffen sprangen wir alle vier aus dem Wagen. Wir standen unter einem riesigen Säulenvorbau. Vor uns der Eingang zum Palast, ein maurischer Halbbogen mit massiven Bronzetüren. Die Türen waren offen und unbewacht.

Ich fühlte mich verdammt schlapp auf den Beinen, aber Harrys Trunkenheit war auf wundersame Weise wie verflogen. Herr über Raum und Zeit!

Sondra war in glänzender Stimmung. »Wie wird bloß dein Anti-Selbst aussehen, Harry? Tad und Joe behaupten, es sei ein gigantisches Hirn. Denk mal mit dran, ordentlich viele Juwelen einzusacken, nachdem wir ihn erledigt haben. Ich denke, du weißt, daß es schon elf Uhr fünfundzwanzig ist. Beeilen wir uns! Ich kann's gar nicht erwarten, was meine Freundin Donna zu meinem neuen Aussehen sagen wird. Vielleicht trete ich im Fernsehen auf. Meinst du, Dr. Bitter wird seine Zustimmung geben?«

»Der große Gary Herber ist im innersten Hof«, sagte Tad. »Laßt uns dicht beisammenbleiben.«

Er ging vor, dann kamen Harry und Sondra, ich zum Schluß.

Genau in dem Augenblick, als ich durch die Tür eintrat, fiel mir irgend etwas auf den Nacken.

Oh, nein! Das weiche, feuchte Herber-Hirn glitt zwischen meine Schulterblätter hinab und stöpselte sich in mein Nervensystem. Ich spürte ein heftiges Kitzeln.

»Schlüpf in den nächsten eingang«, sagte ein dünnes Stimmchen

in meinem Kopf. Die Stimme des schleimigen Parasiten, der soeben die Kontrolle über meinen Willen übernommen hatte. Mit der größten Anstrengung versuchte ich, den anderen nachzubrüllen, aber es war tatsächlich so: ich *schlüpfte* in den nächsten Eingang.

»Fletch?« rief Harry aus der Eingangshalle. »Wo ist er 'n hin, Sondra? HEY, FLETCHER!«

Ich rannte, so schnell ich konnte. Durch einen Garderobenraum, hinaus auf einen Hof, durch eine Tür, und hinein in ein Schlafzimmer. Eine Frau darin, eine nackte Haremssklavin auf einem mächtigen Kissenhügel. Sie hatte ebenholzschwarzes Haar und lilienweiße Haut. Mandelaugen, eine lange gerade Nase, enorme Brustwarzen, Hochleistungsoberschenkel. Wie eine schutzsuchende Ratte wühlte ich mich unter ihre Kissen. Ich fühlte mich wohl darunter: die seidenen Kissen, der Duft, das Gewicht der Frau... Ich versuchte, mich in eine Position zu winden, in der es möglich wäre, meinen...

»Verhalt dich ruhig«, sagte die Stimme in meinem Kopf.

Ich hörte auf, mich zu bewegen, und dachte eine Meldung zurück.

»Wer bist du?«

»Ich bin ein ableger von gary herber. ich bin ein hirni! danke für deinen körper.«

»Eigentlich hätte ich ihn noch 'ne weile gebraucht.« Aus irgendeinem Grund genoß ich sogar, was ich da erlebte. Der Parasit hielt in meinem gesamten Nervensystem ein angenehmes Kitzeln im Gange. *»Du wirst mich freilassen müssen, ich komme aus einer anderen welt.«*

»Ich weiß, dort wollen wir ja hin.«

»Nein, das könnt ihr nicht! das ist...«

»Shhht!«

Draußen auf dem Hof wurden Schritte hörbar. Der fette Harry, der komische Tad und unsere Sondra. Hier würden sie mich niemals finden! Ich hätte um Hilfe rufen müssen, statt dessen war mir zum Kichern zumute. Der Hirni hatte mich wirklich voll übernommen.

»Ähm, entschuldigen Sie, Miss, haben Sie meinen Freund gesehen?« Harrys Stimme.
Die Odaliske verlagerte ihr Gewicht, aber Antworten tat sie nicht.
»Auf dich wird sie sich nicht einlassen«, sagte Tad. »Herbers Puppen reden nicht mit Fremden.«
»Was sollte ein Riesengehirn schon mit Sklavinnen anfangen?« fragte Sondra.
»Was Gary mit Frauen anfängt? Er melkt sie, so ungefähr. GABA-Flüssigkeit aus ihrem Rückgrat. Siehst du den Plastikhahn unten am Rücken?«
»*Oooooo*! Das ist ja schrecklich! Mach schon, Harry, lies ihre Gedanken. Du kannst doch Telepathie... oder hast du das etwa vergessen?«
»Quetsch mir doch einer das Edelste!« rief Tad aus. »Telepathie!«
»Ja klar, das kann ich«, polterte Harry, »aber das wäre zu...«
»Harry, in weniger als einer halben Stunde wird unsere magische Tür sich für immer schließen. Und jetzt ist Joe was zugestoßen. Benutze deine gottverdammte Telepathie, oder ich werde wahrhaftig...«
»Also gut...«
»... kissen...« war alles, was ich und meine Reiterin dachten. Eine Maskerade. Wir hielten unser gekoppeltes Bewußtsein auf diesen einen Gedanken konzentriert: *»... kissen...«*
Die Odaliske mußte ebenfalls über eine Art Blockierung verfügen. Nach wenigen Augenblicken hörte Harry auf, ihre Gedanken anzupeilen. Den Unterschied konnte ich spüren. »Ich finde ihn nirgends, Sondra. Aber, ich glaube, er hat sich irgendwo in der Nähe versteckt.«
»Warum sollte er sich verstecken?«
»Och, Fletcher ist ein komischer Kauz. Er hat mehr Kauziges an sich, als du glaubst, Sondra. Die Leute sagen immer, *ich sei* verrückt, aber bei Fletcher ist das viel schlimmer. Er will's nicht *zugeben*, daß er bekloppt ist. Der Kerl braucht Hilfe, und ich weiß, was ich sage.«

»... kissen...«
»Was werden wir also tun?«
»Machen wir doch weiter und killen das Riesenhirn«, drängte Tad. »Ihr müßt das für uns tun, bevor ihr wieder geht.«
»Und was wird aus Joe?« protestierte Sondra. »Wir können ihn nicht einfach im Stich lassen.«
»... kissen...«
»Wenn er hier nicht wieder raus kann, dann ist es, verdammt noch mal, seine eigene Schuld. Ich sage dir, der versteckt sich vor mir. Er hat 'ne telepathische Blockierung, und diese Frau hier hat auch eine. Ich kann nur deine und Tads Gedanken lesen, Sondra, keine anderen.«
»*Uuuuuuu*! Was denken wir denn... Harry?«
»Das willst du gar nicht wissen. Tad, welcher Weg führt in den zentralen Innenhof? Ich werde uns drei dorthin teleportieren. Vielleicht kann Gary Herber uns sagen, wo Fletcher ist.«
»Das fände ich cool«, sagte Tad. »Joe trägt inzwischen wahrscheinlich ein Gehirn auf dem Rücken. Der Innenhof, ja... diese Richtung, ungefähr hundert Meter.«
»Okay.«
Die Stimmen entfernten sich. Ich kroch unter den Kissen hervor und setzte mich hin. Die langbeinige Odaliske leckte sich die Lippen. Sie hatte eine lange Zunge und einen grausamen Mund. Ich stieß einen Seufzer aus und legte meinen Kopf auf ihre Schulter. Mit einer Hand fuhr sie mir übers Gesicht und mit der anderen zapfte sie einige wenige Tropfen Rückenmarksflüssigkeit aus dem Hahn unten an ihrem Rücken. Mit sanften Fingern rieb sie mir die Flüssigkeit auf mein Gary-Hirn. Jesses! Das hieß leben...
»Wo befindet sich die tür zu deiner welt?« Die plötzliche Frage überraschte mich.
»Das kann ich dir nicht sagen.«
»Du mußt.«
Ein stummes Ringen schloß sich an. Mein Hirnjockey sondierte meine Gedanken und versuchte, mein kostbares Geheimnis zu lüften. Ich suchte meine Gedanken hinter Versgeklingel zu ver-

stecken, hinter Emotionen, hinter läppischen Wiederholungen irgendwelcher Zufälligkeiten, die mir in den Sinn kamen. Aber der Parasit war mir weit überlegen. In weniger als einer Minute hatte er mich geschlagen. Das Bild jener Straße, in der wir angekommen waren, wurde vor meinem geistigen Auge sichtbar. Der Hirnjockey gab mir die Sporen.

»Bitte rufen Sie ein Taxi«, hörte ich mich zu der dunkelhaarigen Schönheit sagen. »Und achten Sie darauf, daß der Fahrer ein Herber-Hirn hat.«

Sie nahm den Hörer auf und wählte eine Nummer.

»Am besten nehmen Sie auch diesen Desintegrator an sich«, fügte meine Stimme hinzu. »Im Kampf gegen die drei Eindringlinge könnte er sich als nützlich erweisen.«

Die Frau nahm meinen Strahler und sprach leise ins Telefon.

»Gegen Harry wird die Kanone nichts ausrichten«, dachte ich für das schlimme Hirn auf meinem Rücken. *»Er ist herr über raum und zeit. wenn er richtig loslegt, wird er Groß-Gary und jeden einzelnen von euch ablegern vernichten.«*

»Ein grund mehr, um einen von uns hinüberzuschicken in eure welt. los, lauf jetzt!«

Midnight Rambler

Ich sprintete denselben Weg aus dem Palast heraus, auf dem ich hineingekommen war. Im Säulengang lungerten ein paar Wachen mit Buckelrücken herum, da ich aber selber so ein Ding im Nacken hatte, ließen sie mich durch. Ich lief den ganzen Weg bis zur Straße. Zwar war ich erschöpft und bekam kaum noch Luft, aber mein ›Ableger‹ gewährte keine Pause.
In dem Augenblick, als ich die richtige Stelle erreichte, kam ein Taxi heran. Ich sprang vorn hinein, und los ging's. Der Fahrer war ein hochgewachsener Mann mit ausgeprägter Gesichtsmuskulatur und den typischen runden Schultern. Anstatt ihn direkt anzusprechen, zog ich erst sein und dann mein Hemd hoch und ließ unsere beiden Hirnis Tuchfühlung nehmen. Als der Fahrer sich ein Bild gemacht hatte, stieg er erst richtig aufs Gas.
Ich guckte aus dem Fenster und versuchte abzuschätzen, wie viele Leute einen ›Ableger‹ trugen. Nur ungefähr jeder zehnte. Wobei die andern von Herbers Herrschaft so niedergedrückt waren, daß sie ebenso gut einen der Parasiten an ihr Nervensystem geklemmt haben könnten. Kein Mensch lächelte; keinerlei Anzeichen eines spielerischen Elements. Eine Stadt der Statistik, eine Stadt austauschbarer Körper, die alle Gary Herbers Aufträge ausführten. Ich fühlte mich beklommen wie eine Küchenschabe in einem Ameisenhaufen.
Und während dieser ganzen Zeit hielt das Kitzeln in meinen Nerven an, erfüllte mich mit einer Art geheimnisvoll süßem Schauder. Möglich, daß ich aussah wie ein Zombie, aber irgendwo drinnen genoß ich die Situation. Vielleicht war es ein wenig das, was ein Kabelkopf empfand. Ich sah die Szenerie an mir

vorübereilen und versuchte nicht daran zu denken, was sich als nächstes ereignen könnte.
Das Taxi hielt an dem Punkt, an dem das ganze Abenteuer begonnen hatte. Vor uns das Spiegelbild von Harrys Werkstatt. Der Fahrer und ich eilten hinein. Die Kopie der Blanskammer war immer noch da: eine große metallene Schachtel von zwei mal zwei Metern.
»Schick ihn durch, und dann zerstöre sie!« sagte die Stimme in meinem Kopf.
Schick ihn durch? Ich musterte den Fahrer von oben bis unten. Er war ein bulliger, fies dreinblickender Bursche mit kurzem schwarzen Haar. Ihn durchschicken und den Herber-›Ablegern‹ die Erde überlassen? *»Nein«*, protestierte ich, *»das bitte nicht.«*
Schmerz wie von einem Peitschenhieb fuhr mein Rückgrat hinauf bis in den Schädel. Ich hielt so lange stand, wie ich konnte, und zog wieder mal den kürzeren. Mit einem tauben Gefühl im Kopf sah ich mir selber zu, wie ich die Blanskammertür aufstieß. Auf der gegenüberliegenden Seite konnte ich die auf den Kopf gestellte Antie sehen, die scheinbar unerschütterlich Harrys Rückkehr erwartete.
Der hirnbestückte Fahrer nahm einen Anlauf und sprang durch die magische Tür. Er drehte sich in der Luft, vollführte eine glatte Landung und rannte an Antie vorbei davon. Tränen quollen mir aus den Augen und liefen meine Wangen herab. Meine Arme schlossen die Kammer.
»Und jetzt laß sie uns zerstören«, sagte die Stimme in meinem Kopf. *»Ich möchte, daß mein bruder-hirn vor harry endgültig in sicherheit ist.«*
Mein Körper eilte durch die Werkstatt, um einen Vorschlaghammer zu holen, den ich vorher bemerkt hatte. Meine Arme nahmen alle ihre Kraft zusammen für den ersten Schlag, und der Hammer schmetterte ein Loch in eine der Kammerwände.
Es war die Seite, die in die Mikrowelt führte. Ein Scheinfuß schnappte aus dem Loch, das ich geschlagen hatte, und verschlang den Kopf meines Hammers. Als es mir gelang, den Hammer loszukriegen, war nur noch der säurezerfressene Stiel übrig.

Die gigantische Mikroweltamöbe schickte einen weiteren Scheinfuß durch das Loch und tastete umher. Verwirrt und durcheinander wichen mein Wirbelsäulenjockey und ich zurück.
In diesem Augenblick vernahm ich ein leichtes *Pop*! und spürte einen Luftzug. Es waren Harry und Sondra. Ich schwang den Hammerstiel in die Luft und ging auf Harry los. Mein Herberklumpen wollte, daß ich ihm den Schädel einschlug. Aber mein Freund und Sondra hatten irgendetwas in dieser Richtung erwartet, denn Sondra hob ihren Demotivator und fror meinen Mordversuch auf der Stelle ein.
»Was? Fletcher?« rief Harry aus. »Mein schlimmster Feind? Da kehren wir vom Palast zurück, wo wir das Riesenhirn erledigten, und hier ist mein Freund Fletcher und versucht, unsere magische Tür niederzureißen.«
Harry ging um mich herum, vorsichtig darauf achtend, nicht in Sondras Strahl zu geraten. Ich spürte, wie er mein Hemd nach oben hob.
»Mit 'm Hirn unter 'm Hemd... hab ich's mir doch gedacht«, polterte Harry. »Tja, ich werd's einfach mal ab...«
Eine Welle mörderischer Pein begann sich in meinem Schädel aufzutürmen. Das bösartige Hirn war drauf und dran, mich mitzuziehen in seinen Tod.
Ich stieß ein letztes Gebet aus und bereitete mich stumm darauf vor, mit dem Einen zu verschmelzen. Aber dann – *phhht*! – waren Schmerz und Hirnjockey mit einem Mal verschwunden. Harry hatte ihm die Existenz genommen.
»Schalt den Strahler ab, Sondra. Er ist's los.«
Vorsichtig streckte ich meinen Rücken. Mein Körper gehörte wieder mir.
»Puh! Harry, ich schwör's dir, es war nicht meine Schuld. Dies... dies *Ding* war 'n Teil Gary Herbers. Es gibt Tausende davon über die ganze Stadt verstreut.«
»Es ist elf Uhr sechsundfünfzig«, sagte Sondra nervös.
»In Ordnung. Fletch, ich weiß, es war nicht deine Schuld. Bedauerlich ist nur, daß du dieser orientalischen Lady deinen Desinte-

grator geben mußtest. Den armen Tad hat sie auf dem Gewissen, und Sondra und mich hätte sie auch beinah erwischt.«

»Aber das Große Gehirn habt ihr erledigt?«

»Ein für allemal. Und jetzt werd ich mich um die lieben Kleinen kümmern.« Harry griff in seine Jackentasche und zog das daumengroße ›Echo‹ seiner selbst hervor. Er bewegte den kleinen Kerl, wie man ein Taschentuch entfaltet, und schon war die Luft um ihn herum erfüllt von einem dichten Schwarm kleiner Harrys. »Also, Jungs«, sagte Harry. »Ich verlange von euch, daß ihr jeden Winkel auf diesem Planeten durchsucht und jeden ›Ableger‹ von Gary Herber auf der Stelle zerstört. Ihr habt... genau eine Minute Zeit!«

»*Roger*!« piepsten die kleinen Harrys und teleportierten sich selbst davon.

»In der Zwischenzeit werde ich mich hier nützlich machen.« Harry richtete seine zeitumkehrende Strahlenpistole auf das Loch, das ich in die Blanskammer geschlagen hatte. Der gigantische Scheinfuß zog sich zurück, mein Vorschlaghammer war wieder ganz, und der Riß in der Kammerwand heilte wieder zu.

»Es ist elf Uhr neunundfünfzig«, drängte Sondra.

Sie zog die magische Tür auf. Was sich dem Auge bot, war immer noch das alte Bild: unten der Hyperraum, oben Mondroboter, auf der linken Seite Mikroorganismen und endlos nach oben strebende Hügel. Drüben auf der anderen Seite war unsere eigene Welt, und die gute alte Antie stand da und wartete immer noch.

Die Millionen und Abermillionen winziger und winzigster Harrys kamen, wie Schulkinder plappernd, mit einemmal zurückgeschwärmt. Ihr Auftrag war erledigt: Diese Welt war Herber-entsorgt. Tad Beat war nicht umsonst gestorben. Die Wolke kleiner Harrys ließ sich auf dem großen Harry nieder wie auf einem Bienenkorb.

Irgendwo schlug es Mitternacht. Zeit, zu gehen. Sondra und Harry griffen mir unter den rechten beziehungsweise linken Arm und flogen mit mir durch die Tür.

Ich landete hart und fand mich mit zitternden Gliedern in Harrys richtiger Werkstatt wieder. Draußen verhallte der letzte Glockenschlag, und von der Blanskammer blieb nichts anderes zurück als ein leerer, mit einer Kupferfolie umhüllter Würfel.
»Ich kann immer noch fliegen!« rief Sondra aus. Blond und wohlgestaltet schwebte sie mitten im Raum.
»Na klar«, sagte Harry. »Das wird noch mehrere Jahre so bleiben. Ich habe das Quantenstabilisationsvermögen deiner Atome geändert. Wenn sie, beim natürlichen Fortgang der Dinge, ersetzt werden, wirst du diese Fähigkeit allmählich wieder verlieren.«
»Und mein Geld?« konnte ich mir nicht verkneifen zu fragen.
»Keine Sorge, Fletch, 's liegt unter deinem Bett. Tja, eigentlich hätt ich ja auch an mich denken können, aber ich schätze, das wollte ich nicht.«
»Du weißt nicht, was du willst, Harry?«
»Nein. Weißt du's? Weiß es irgendwer? Was heute gut ist, ist morgen schlecht, und diesjährige Katastrophen können im Jahr drauf reiche Ernten bewirken. Was ich brauchte, habe ich: ein aufregendes Abenteuer. Ich befreite einen ganzen Planeten von Parasitenhirnen.«
Plötzlich kam mir der Fahrer wieder in den Sinn. »Harry, da ist noch was, ein bleibender Effekt unseres Experiments, von dem du noch nichts weißt. Einer kam durch, kurz bevor du...«
»WAS?«
»Ja, ein Mann mit einem Para-Hirni, mit einem der Garyhirne auf dem Rücken. Ich wollte ihn aufhalten, aber...«
»Dr. F. hat recht«, meldete sich Antie zu Wort. »Kurz bevor du zurückkehrtest, kam ein Mann durch die Blanskammer gesprungen. Und mit einem weiteren Satz war er in der Suydam Street.«
»Joe!« rief Sondra außer sich. »Wie konntest du nur...«
»Ich... es war nicht meine Schuld. Funktionieren diese Pistolen noch, Harry?«
Harry warf seine Strahlenpistole hin. »Nein. Als letztes hob ich ihre Wirkung auf. Ich dachte, es wäre zu gefährlich, diese Dinger

herumliegen zu haben. Aber wir müssen den Kerl finden, bevor sein verdammtes Hirn sich reproduzieren kann! Die könnten unsere ganze Welt übernehmen!«
Dann fing Harry an zu lachen, erst in hohen Kichertönen, dann aus vollem Halse. Ich ging auf ihn zu und schüttelte ihn. »Nun werd mal nicht hysterisch, Harry. Sondra! Ruf die Polizei an!«
»Ich bin gar nicht hysterisch«, sagte Harry und lachte immer noch. »Es ist einfach nicht zu fassen: Du bist mir vielleicht ein Freund, Fletch. Wer sonst als *du* hätte es fertiggebracht, einen Gary Herber bei uns einzuschleusen?«
»Harry! Das ist kein Spiel mehr, kein Phantasiegebilde! Mit deinen Superkräften ist es vorbei! Hast du vielleicht 'ne Waffe im Haus?«
»Neben der Kasse liegt 'ne UV-Kanone«, sagte Harry, setzte sich und wischte sich die Lachtränen aus dem Gesicht.
Ich fand die Strahlenkanone und lief auf die Straße hinaus. Hoffentlich gelang es mir, den Taxifahrer noch zu finden. Bis auf einen Betrunkenen, der neben dem Eingang zur Terminal Bar an der Hauswand lehnte, war die schäbige Straße menschenleer.
»Haben Sie in den letzten fünf Minuten irgendwen vorbeikommen sehen?« fragte ich ihn. »Einen großen, kräftigen Kerl mit gewölbten Schultern?«
Der Betrunkene zeigte mit einer vagen Kopfbewegung in Richtung Bar. Ich riß mich zusammen und ging hinein. Ein paar Herumtreiber und ein Freudenmädchen hingen drinnen rum, aber keine Spur von dem Mann, hinter dem ich her war.
»Was soll's denn sein?« fragte der Barkeeper, ein untersetzter Mann mit grauem Schnurrbart.
»Ich such 'nen stämmigen Kerl, groß und mit gewölbten Schultern«, antwortete ich. »Er kam erst vor 'ner Minute hier rein.«
Der Barkeeper warf mir einen verächtlichen Blick zu. »Den *Freund*, den er für die Nacht suchte, hat er längst gefunden. Ich glaub, die sind gleich aufs Klo. Und ich mach wirklich nichts anderes, als 'n anständiges Lokal zu führen, wo die Leute in Ruhe einen trinken können.«
»Danke«, sagte ich und suchte die Herrentoilette auf. Gut mög-

lich, daß ich gleich zwei Männer mit Hirnablegern finden würde. Ich entsicherte meine Strahlenkanone.
Aber das Herrenklo war leer. Nichts rührte sich, nur der Nachtwind, der durchs offene Fenster hereinwehte. Ich sprang auf die Klobrille und schlängelte mich durchs Fenster ins Freie. Hinter dem Gebäude war ein Gäßchen, ein Gäßchen, das auf die Hauptstraße hinausführte. Ich lief, so schnell ich konnte, erreichte die Straße aber zu spät. Ein graues Auto mit zwei rundschultrigen Männern drin fuhr gerade los. Ich feuerte sofort, traf aber nicht. Das Auto schoß davon in Richtung Turnpike.
Ich eilte in die Werkstatt zurück. Sondra war immer noch am Telephon. Ich rief ihr die Autonummer des grauen Wagens zu und sprang in meinen Buick.
»Warte, Fletch, ich will mit!« Das war Harry.
»Du fehlst mir gerade noch. Du denkst, das ist immer noch dein Abenteuer. Ist es aber nicht, Harry. Hättest du Kinder, würdest du's begreifen.«
Aber Harry stieg trotzdem ein. Er hatte eine Jagdflinte dabei, wahrscheinlich die seines Vaters. Ich trat das Gaspedal durch und machte mich an die Verfolgung des grauen Wagens mit den beiden Rückgrat-Riders.

Kotelettbüsche und Krapfenbäume

Das graue Auto entwischte. Zuerst konnte ich es noch undeutlich sehen, und dann war es auf einmal verschwunden. Wir grasten auch die Seitenstraßen ab, aber das graue Auto blieb unsichtbar. Kurz darauf hörten wir Polizeisirenen und sahen ein paar Streifenwagen mit hoher Geschwindigkeit vorbeirasen.

»Sondra scheint sie überzeugt zu haben«, bemerkte Harry. »Bring mich doch einfach nach Hause, Fletch, und fahr du zurück zu Nancy. Soll sich jetzt doch die Polizei mal darum kümmern.«

»Aber die haben doch nicht die geringste Ahnung, womit sie's zu tun haben, Harry. Diese verdammten Garys… die werden noch die ganze Welt übernehmen.«

»Hör zu, Fletch. Morgen werden wir dich mit den restlichen Gluonen blansen, und dann kannst du alles wieder in Ordnung bringen. Mach dir mal jetzt nicht allzu viele Gedanken.«

»Vielleicht hast du recht. Nur eins noch, ich weiß, wie es ist, so 'n Ding auf dem Rücken zu haben. Es war in meinen *Gedanken*, Harry. Entsetzlich, sag ich dir.« Dann fiel mir noch was ein. »Der Hirni auf meinem Rücken kommunizierte mit dem Hirni, den der Fahrer auf dem Rücken hatte. Somit weiß er wahrscheinlich, wo ich wohne.« Ich bog um die Ecke und war wieder auf der Suydam Street. »Wie fandst du eigentlich die Sklavenfrau auf dem Kissen?«

»Nett«, antwortete Harry. »Aber sie brachte Tad um. Außerdem ist Sondra tausendmal schöner.«

»Hoffentlich merkt sie nicht, daß sie viel zu hübsch ist für dich.«

»Keine Sorge, so schnell kriegt sie das nicht mit.«
Ich hielt vor Harrys Werkstatt und blieb eine volle Minute lang schweigend sitzen, um meine Gedanken zu sortieren. Sondra kam herausgeflogen, um zu sehen, was es Neues gab.
»Ich hab die Polizei benachrichtigt«, sagte sie. »Aber es war nicht einfach zu entscheiden, was ich ihnen sagen sollte.«
»Und was hast du gesagt?«
»Ich sagte, die beiden Männer wären Kabelkerle. Ich sagte, sie hätten Stimu-Packs auf ihren Rücken und daß sie versucht hätten, mich zu berauben.«
»Ich hoffe, du hast den Bullen gesagt, wie gefährlich sie sind. Wenn die Gary-Hirne erst mal die Bullen kontrollieren, dann gnade uns Gott...«
»Hey, Fletch, hör zu«, meldete sich Harry. »Wenn du dir so viele Sorgen machst, warum steigst du dann nicht sofort in den Blanser und erledigst die ganze Geschichte?«
»Nein, nein. Jetzt auf keinen Fall. Fürs erste hab ich die Nase gestrichen voll. Bin völlig am Ende. Und wenn die Hirnis sich nicht allzu schnell ausbreiten, wär es unter Umständen sowieso gut, 'n paar Tage zu warten. Wer weiß, was für Nebenwirkungen noch auftreten können.«
»Da hast du recht, Fletch. Dann mal gute Nacht. Und, vielen Dank für alles. Das war'n Wochenende... das werd ich nicht so schnell vergessen.« Harry stieg aus.
»Good-bye, Joe«, flötete Sondra und schwebte dicht bei Harry in der Luft. »Grüß Nancy schön von mir.«
»Werd's nicht vergessen. Bis morgen dann.« Auf dem Weg zurück nach Princeton machte ich mir immer noch Sorgen. Wieviel wußten die Eindringlinge über Harry und mich? Wäre es nicht denkbar, daß sie nach Harrys und meinem Leben trachteten, und zwar so schnell wie möglich, oder danach, uns wenigstens zu übernehmen? Ich trat aufs Gas.
In unserm Haus brannte Licht, und der Vordereingang war nicht abgeschlossen. Serena lag in friedlichem Schlummer, die Glotze war noch an, aber von Nancy keine Spur. Bevor ich weitersuchte, warf ich einen Blick unter unser Bett – das Geld war da, ein

Stapel Scheine neben dem anderen. Ich stopfte ein paar tausend Dollar in meine Hosentasche und ging zurück in die Küche.
Jetzt erst bemerkte ich, daß die Tür zum Garten angelehnt war. Was war ich froh, daß ich Harrys Strahlenkanone mitgenommen hatte...
»Nancy?« rief ich aus der Küchentür. »Bist du dort draußen?«
»Joe! Komm und sieh dir das an!« Nancy. Es klang so, als hätte sie den Mund voll.
Als ich zur Hintertür trat, prallte ich gegen einen Baum, der vorher nicht dort gestanden hatte. Wie überhaupt der ganze Garten in üppiger exotischer Blüte stand – seltsam, war doch am letzten Morgen noch nichts anderes dagewesen als ungemähter Rasen...
Ich rappelte mich wieder auf die Füße und entdeckte Nancy in einem Flecken Wohnzimmerlicht, das aus dem offenen Fenster drang. Sie kauerte neben einem Busch und knabberte etwas.
»Was machst du denn da, Nancy? Was ist das für ein Busch?«
»Ein Kotelettbusch«, sagte sie und schwenkte den fetttriefenden Knochen in der Luft, an dem sie gerade nagte. »Und gleich neben dir steht ein Krapfenbaum! Ihr habt wirklich was gegen den Welthunger getan, das muß man euch lassen!«
Ich guckte mir den Baum an, der mich eben noch hatte straucheln lassen. Kein Zweifel, ganze Trauben goldener Krapfen hingen schwer von seinen Zweigen. Ich pflückte einen ab und biß hinein. Der Krapfen war außen süß und knusprig, feucht und teigig in der Mitte. Kotelett und Krapfen, das waren Nancys Lieblingsspeisen gewesen, als sie in Virginia heranwuchs. Kein Wunder, daß sie im Garten hockte und schmauste.
»Aber wo kommt das ganze Zeug her?« fragte ich.
»Ich lag im Bett und las und auf einmal, ganz plötzlich... es war wohl gegen zehn...«
»Erzähl weiter.«
»Ganz plötzlich tauchte diese kleine Schachtel auf, aus dem Nichts! Ich wußte, daß ihr, du und Harry, irgendwas vorhattet, also dacht ich, es wären Juwelen drin oder sonstwas Kostbares. Als ich's dann aufmachte, waren nur 'n paar Samenkörner drin. Ich hatte schlechte Laune und warf sie aus dem Fenster. Dann

las ich weiter. Aber dann, vor 'n paar Minuten, hörte ich Blätter rascheln und ging in den Garten, um nachzusehen. Büsche und Bäume, die Speisen tragen, Joey! Das ist *die* Lösung gegen den Welthunger, genau so, wie du's mir versprochen hast. Du bist wundervoll, Joey, einfach wundervoll!«

»Willst du gar nichts von meinem Trip wissen?«

»Probier doch mal eines dieser Koteletts!«

Ich fühlte ein wenig im Blätterwerk des Kotelettbusches herum, bis ich etwas Fettiges spürte. Ich brach's vom Stiel und hielt ein beidseitig gegrilltes, vollendetes kleines Kotelett in der Hand. Ich pflückte noch einen Krapfen und aß mich erst einmal satt. Jeder Krapfen barg in seiner Mitte einen Kern, wie bei Kirschen, und die Koteletts trugen ihre Samen an den knochigen Stiel geschmiegt. Von jeder Sorte steckte ich ein paar Kerne in die Tasche.

»Ich muß schon sagen… das ist *wirklich* toll, Nancy. Und die sind in nur zwei Stunden gewachsen?« Ich blickte mich im Garten um und zählte fünf oder sechs von den Büschen und drei Bäume. »Ich bin froh, daß bei unserm Trip wenigstens was Nützliches herausgekommen ist.«

»Was für'n Trip?«

Ich erzählte Nancy von unserer Reise in die Spiegelwelt, von Gary Herber und von dem Parasiten, der es geschafft hatte, in unsere Welt zu schlüpfen. Sie bat mich, ihr die Stelle zu zeigen, wo das Gehirn mich gebissen hatte, und sie sagte, sie hoffe, ich müsse mich nicht blansen lassen. Da konnte ich ihr nur zustimmen – der Gedanke einer dicken Nadel im Kopf hatte so gar nichts Attraktives an sich –, und teilte ihr meine Sorge mit, die Para-Hirne könnten uns heute nacht einen Besuch abstatten.

Genau in diesem Augenblick ging die Hintertür auf: Serena.

»Naß.«

»Naßgemacht, Honey?«

»Bett naß.«

Nancy und ich gingen ins Haus, brachten die Bescherung wieder in Ordnung, guckten unsere fünf Millionen an, sahen nach, daß

die Haustür gut verschlossen war, und nahmen Serena mit unter den Krapfenbaum. »Probier mal, Serena.«
»Ja«, nickte Nancy ihr zu. »Als Mami ein kleines Mädchen war, hat sie die gerne gegessen.«
Serena kostete, kaute, schluckte und nickte mit dem Kopf. »Mehr.«
Und dann hörte ich das Geräusch, das ich erwartet hatte... Eine Polizeisirene.
»Au Mann! Nancy, ich denke, das könnten diese verdammten Hirnis sein, die hinter uns her sind. Laufen wir besser weg.«
»Das ist doch nur die Polizei, Joe.«
»Es könnte aber sein, daß die Hirnis sie inzwischen übernommen haben. Schnell, laufen wir in den Wald!«
»Da ist es voller Ungeziefer, Joe, und voller Schlangen.«
»Bitte.« Das Sirenengeheul kam immer näher.
»Okay, wenn du unbedingt willst.«
Ich nahm Serena auf den Arm, und wir liefen los in den Wald, der mit seinem dichten, rankenartigen Unterholz bis an das Neubaugebiet reichte. Der Waldboden war morastig, und das Bauland, auf dem die Häuser standen, fiel am Rand schräg ab. Wir rutschten hinunter und blickten angestrengt zu unserm Haus zurück.
Wie zu erwarten, bogen ein Motorrad und zwei Streifenwagen mit Blaulicht zielstrebig in unsere Einfahrt ein. Fünf Bullen mit Antiterrorgewehren – und alle mit runden Schultern. Serena wollte etwas fragen; sofort stopfte Nancy ihr noch einen Krapfen in den Mund. Wir duckten uns tiefer, kaum, daß wir weiter zuzusehen wagten.
Bäng, bäng, bäng! Sie hämmerten gegen unsere Haustür. Einer der Bullen kam um unser Haus herum und bemerkte, daß die Küchentür offen war. Schnurstracks marschierte er hinein und öffnete die Vordertür. Eine Weile polterten sie im Haus herum und riefen meinen Namen. Ich fragte mich, ob sie Harry schon gefunden hatten. Es sah böse aus, es sah sehr böse aus.
»Glaubst du, sie haben diese... diese Hirne auf dem Rücken?« flüsterte Nancy.

»Ja.«
»Was können wir nur machen?«
»*Pschhht*!«
Einer der Streifenwagen rangierte jetzt auf dem Rasen herum und leuchtete mit seinen Scheinwerfern die Umgebung ab. Wir drückten uns tiefer ins Unterholz. Serena begann zu wimmern.
»Sei ganz still, Liebling. Die bösen Männer da suchen uns. Sei ganz still, so wie Mami und Daddy. Ganz still.«
Sie gehorchte. Die Polizisten versuchten es jetzt bei unsern Nachbarn. Niemand wußte, wo wir waren. Eine ganze Stunde verging, bis sie die Suche schließlich aufgaben. Der Motorradbulle blieb bei uns im Haus, alle andern fuhren davon.
»Warum knallst du ihn nicht durchs Fenster ab«, schlug Nancy vor. Sie hatte meine Strahlenkanone entdeckt.
»Einen Bullen umlegen... das wird schwer bestraft. Wenn die Leute die Sache mit den Hirnis nicht schnallen, könnt ich im Gefängnis landen.«
»Könntest du's nicht so anstellen, daß du nur den Hirni tötest? Ich hab keine Lust, die ganze Nacht im Wald zu hocken. Die Moskitos fressen mich bei lebendigem Leibe.«
Ein Plan schoß mir durch den Kopf. »Okay, Nancy, versuchen wir's mal.«
Kurz darauf waren wir an der Hintertür. Nancy bettete die schlafende Serena unter einen Kotelettbusch. Ich peilte durchs Küchenfenster. Ein müder Bulle mit einer abgesägten Schrotflinte auf den Knien hockte auf einem Stuhl. Unter seinem Polizeihemd wölbte sich ein enormer Buckel, und er starrte mit leerem Blick auf die vordere Eingangstür.
»Entschuldigen Sie«, sagte ich und trat ohne zu zögern ein. »Wir sollten am besten mal die Lage besprechen.« Nancy hatte mir jede Menge Blätter unters Hemd gestopft, so daß es aussah, als hätte ich ebenfalls ein Para-Hirn im Kreuz.
Der Polizist wirbelte herum und hob sein Gewehr.
»Mal sachte«, sagte ich lächelnd und ging auf ihn zu. »Mein Gary-Hirn habe ich längst.« Hätte ich nicht gewußt, daß Nancy vorm Küchenfenster stand und mit der Strahlenkanone auf den

Kopf des Bullen zielte, hätte ich mich nicht getraut, so was zu riskieren. »Nun mach schon, zieh dein Hemd hoch, und wir werden die Meister kommunizieren lassen.«
Der Polizist nickte mit dem Kopf und fing an, sein Hemd hochzuziehen. Dazu mußte er sein Gewehr abstellen. Ich ging noch einen Schritt auf ihn zu und zog mein eigenes Hemd aus der Hose. Inzwischen war der Rücken des Bullen entblößt, ein breiter, sehniger Rücken mit dem Hirni, das sich zwischen den Schulterblättern eingenistet hatte.
Mit raschem Griff schob ich meine Hand unter das Gehirn, packte die weichen Fortsätze an der Stelle, wo sie in das Rückgrat des Polizisten eindrangen, und riß das Ganze ab. Mit einem Aufschrei sank der Polizist in sich zusammen. Das lose Gary-Hirn wand sich hin und her und versuchte, sich auf meinem Arm festzusetzen. Überraschend stark, dieses Ding... das war mehr als ein Hirn: Es hatte Muskeln. Ich versuchte, es durch die Küche zu schleudern, konnte es aber nicht von meinem Arm abkriegen. Es fing an auf meine Schulter zuzukriechen. Ich schrie.
Nancy eilte mir zu Hilfe. Sie zielte sorgfältig und brutzelte den Hirni mit unserer Strahlenkanone. Er lockerte seinen Griff und fiel zu Boden.
»Wird der wieder zu sich kommen?« fragte Nancy und zeigte mit einer Kopfbewegung auf den Polizisten. Auf seinem nackten Rücken war ein roher, blutiger Fleck.
»Keine Ahnung.« Ich füllte einen Topf mit Wasser und schüttete es ihm über den Kopf.
Er stöhnte ein wenig und setzte sich auf. »Was ist passiert?«
»Ein Seelenfresser hatte die Kontrolle über Sie gewonnen. Wie kam's dazu?«
»Ich... ich war nicht ganz bei mir. Wir waren hinter einem grauen Wagen her, und als wir ihn stellten, fing Muldoon an, sich ganz sonderbar zu benehmen. Er steckte den Kopf in den grauen Wagen, und irgendwas passierte mit ihm. Ich ging näher ran, um nachzusehen, und dann... und dann erwischte es mich.« Der Mann hielt in seiner Erzählung inne und starrte auf das leblose Gehirn, das am Boden lag. »Ja, es war eines von diesen da. Sie

teilten sich immerzu und erwischten immer mehr von uns. Inzwischen werden sie drüben auf der Wache wohl alle übernommen haben. Sind Sie Joseph Fletcher?«
»Der bin ich. Ich glaube, sie sind hinter mir und Harry Gerber her.«
»Gerber, ja... Ein paar von uns sind auf der Suche nach ihm. Was werden wir jetzt unternehmen, Mr. Fletcher?«
»Wenn mir was einfällt, wie ich mit Gerber in Kontakt treten kann, werde ich alles in Ordnung bringen können. Für den Augenblick werde ich mich erst mal versteckt halten. Warum setzen Sie sich in der Zwischenzeit nicht mit der Staatspolizei in Verbindung? Die Parasiten können sich noch nicht allzuweit ausgebreitet haben. Nehmen Sie Kontakt mit irgendwelchen hohen Tieren auf.«
»Aber was soll ich denen sagen?«
»Daß eine außerirdische Lebensform im Begriff ist, über uns herzufallen. Wenn die Ihnen nicht glauben, zeigen Sie ihnen Ihren Rücken und den toten Rückgratreiter. Wir haben keine Zeit zu verlieren.«
Der Polizist setzte sich auf seine Maschine und brauste davon. Ich nahm eine Einkaufstasche, griff unters Bett, füllte sie mit Geld und verschloß das Haus. Dann stiegen Nancy, Serena und ich in den Buick und fuhren los. Alles, was ich im Augenblick wollte, war, mal richtig ausschlafen.

Gesucht!

Nancys und Serenas Stimmen weckten mich auf. Wir hatten an einer Nebenstraße geparkt, etwa fünfzehn Meilen südlich von Princeton. Weiter waren wir gestern abend nicht gekommen, bevor Schlaf uns übermannte. Zum Glück hatte ich daran gedacht, zuvor noch ein paar Samen aus dem Fenster zu werfen, und so gab es einen hübschen kleinen Bestand an Kotelettbüschen und Krapfenbäumen gleich neben dem Auto. Nancy und Serena frühstückten bereits; ich schloß mich ihnen an.

»Wieviel Geld hast du eigentlich mitgenommen?« fragte Nancy.

»Bestimmt 'n paar Hunderttausend. Was immer in dem Einkaufsbeutel ist, habe ich in den Kofferraum getan. Diese Krapfen hier sind wirklich vorzüglich.«

»Das kann man wohl sagen. Wenn's nur die Herberiten nicht gäbe, dann wär alles perfekt.«

»Hören wir mal, wie die Lage so ist.« Ich drehte das Radio an.

»... Invasion«, ließ sich die Stimme eines betrunken klingenden Nachrichtensprechers vernehmen. »New Brunswick wurde vollständig abgeriegelt. Neueste Berichte sprechen von außerirdischen Aktivitäten in den angrenzenden Gebieten. Einem unbestätigten Bericht zufolge ist der zentrale Busbahnhof Manhattans von außerirdischen Kräften übernommen worden. Eine der wirksamsten Waffen gegen sie scheint guter alter, aus der Mode gekommener Alkohol zu sein. Diese hirnähnlichen Wesen sind wahrscheinlich extrem empfindlich gegen Alkoholvergiftung, und an alle Soldaten, die auf Absperrungsposten stehen, wurden doppelte Grogrationen ausgegeben. Alle unsere Hörer, die sich in der Nähe besagter Zone aufhalten, werden gebeten, während der Dauer der Kampfhandlungen betrunken zu bleiben. Ich jedenfalls *bin* es. Annie?«

»Danke, Greg. Prost und ex, Leute! Erste Berichte von der Invasion sickerten in den frühen Morgenstunden durch. Eine nicht unerhebliche Zahl von Polizeibeamten ist unter die Kontrolle der Hirnis geraten, die sich Herberiten nennen. Ihre genaue Zielsetzung ist zur Zeit noch unklar, wenn auch einige der von den Fremden kontrollierten Personen äußerten, die gesamte Menschheit Gottes Gesetzen zu unterwerfen. Fraglos sind diese Organismen außerirdischen Ursprungs, obwohl...«

Ich drehte das Radio wieder leiser. »Sieht so aus, als wäre alles unter Kontrolle. Ich wußte gar nicht, daß Gary Alkohol gegenüber so allergisch ist.«

»Glaubst du, daß man dir und Harry die Schuld in die Schuhe schieben wird?« fragte Nancy.

»Naja, die Hirne denken *alle* an uns. Also wird jeder, der's übersteht, wissen, daß wir es waren; denk nur an den Bullen letzte Nacht. Tja, wir werden die Schuldigen sein.« Ich drehte das Radio noch mal lauter.

»... verursacht von zwei exzentrischen Wissenschaftlern, Joseph Fletcher und Harry Gerber. Die Behörden sind weiterhin auf der Suche...«

»Da hörst du's selbst.« Ich schaltete das Radio ganz ab.

»Die werden euch schon in Frieden lassen, sobald sie erst mal von den Kotelettbüschen und den Krapfenbäumen gehört haben«, sagte Nancy besänftigend.

»Kostenlose, naturreine Nahrungsmittel? Da wird die Regierung gar nicht scharf drauf sein. Was ist mit all den Leuten, die nur arbeiten, damit sie genug zu essen haben? Leute, die die Dreckarbeit machen, die mit dem Existenzminimum leben. All diese Leute werden das Heer der Arbeitenden verlassen, sobald sie erst mal ein paar unserer Wundersamen haben.«

»Die haben auch mal 'ne Pause verdient«, sagte Nancy mit Nachdruck. »Ich finde, unser Auftrag sollte sein, durchs ganze Land zu fahren und unsere Samen zu verteilen. Und dann die Samen sich auch in andere Länder ausbreiten lassen. Wir könnten nach Mexiko rüber!«

»Die Polizei wird dieses Auto suchen«, warf ich ein. »Und Harry kann ich auch nicht im Stich lassen.«

»Wir können uns ’n neues kaufen. Und Harry kann auf sich selbst aufpassen.«

»Na gut, wenn du’s so willst.«

Wir pflückten die Früchte von den Büschen und Bäumen, die wir gepflanzt hatten, und nahmen die Körner heraus. Jede Pflanze erbrachte gut hundert Samen. Wenn wir ein paar Helfer hätten, wäre es ein leichtes, innerhalb eines einzigen Tages aus einem Samen eine Million Samen zu gewinnen. Hundertmal hundert mal hundert. Eine Grenze gab es nicht.

Wir beschlossen, unseren Buick bei Alwin Bitter stehenzulassen und einen neuen Wagen zu besorgen. Ich fuhr geradewegs zurück nach Princeton.

Der alte Bitter saß auf seiner Veranda und las in Ruhe die Morgenzeitung.

»Hal-lo«, rief ich aus dem Wagenfenster. »Kennen Sie uns noch? Joe und Nancy Fletcher?«

Bitter lächelte und winkte uns zu. Wir stiegen aus und gesellten uns zu ihm auf die Veranda.

»Haben Sie die Nachrichten gehört?« fragte ich ihn. »Über die Invasion der Außerirdischen? Hab ich Ihnen nicht gesagt, daß Harry Herr über Raum und Zeit sein würde?«

»Ich weiß nicht ganz, worauf Sie hinauswollen«, meinte Bitter. »Mal was richtig Aufregendes, nicht wahr? Jeder soll sich betrinken, wie es heißt.«

»Die Hirnis mögen keinen Alkohol«, erläuterte ich. »Die Herberiten befolgen drei Leitsätze, genau wie Sie.«

»Davon weiß ich noch gar nichts.«

»Doch. Sie heißen Gottes Gesetze: **Folgt Gary. Seid sauber. Lehrt Gottes Gesetze**.«

»Ein Gedankenvirus«, lachte Bitter in sich hinein. »Ein parasitäres System, das sich selbst propagiert. Und was haben Sie sonst noch vollbracht?«

»Wir haben ganz spezielle Samen«, sagte Nancy. »Zwei neue Pflanzenarten. Schauen Sie.« Sie warf einen Krapfenbaumkern und einen Kotelettbuschkern von der Veranda. Sobald sie den Boden berührten, konnte man kleine Schößlinge wachsen sehen. »Die wachsen, und bald gibt's was zu essen«, erklärte Nancy. »Joe und ich wollen im ganzen Land herumfahren und sie armen Leuten schenken.«

»Das hört sich vernünftig an«, sagte Bitter. »Aber wo werden all die Menschen wohnen, die es dann mehr gibt?«

Ich blickte auf Nancy. Sie zuckte die Achseln. »Es gibt Platz. Die Welt ist groß.«

»Und die zusätzliche Umweltverschmutzung?« bohrte Bitter. »Was soll damit geschehen?«

»Sehen Sie«, sagte Nancy. »Wir werden den Leuten helfen, damit sie genug zu essen haben. Da gibt's doch nichts, worüber man streiten könnte.«

»Wer streitet denn?« Bitter lächelte. »Was erwarten Sie von mir? Meinen Segen?«

»Eigentlich wollt ich nur meinen Wagen in Ihrer Garage abstellen«, gab ich zur Antwort. »Es könnt sein, daß die Polizei hinter mir her ist. Ich möcht mal ein, zwei Wochen untertauchen.«

»Haben Sie Geld?«

»Jede Menge.«

»Geben Sie mir was.«

»Bitte sehr.«

Bitter willigte ein, unseren Buick für tausend Dollar unterzustellen. Er nahm die Schlüssel an sich und versprach, den Wagen in die große Garage unter der Kirche zu bringen.

Zu Fuß machten wir uns auf zu einer General-Motors-Vertretung, wählten einen Corvette und kauften ihn auf der Stelle. Eingetragen wurde er unter Nancys Mädchennamen: Nancy Lydon. Der Verkäufer war einigermaßen überrascht, daß wir aus einem Einkaufsbeutel bar bezahlten. Aber nicht zu überrascht, um das Geld anzunehmen.

Nancy wollte fahren – sie sagte, wenn das Auto schon unter ihrem Namen liefe, dann gehöre es ihr auch. Mir war das gleich;

ich senkte die Rückenlehne ab und legte mich schlafen. Hinter den Sitzen gab es auch Platz genug, wo Serena herumkrabbeln konnte.
Als ich wieder aufwachte, stand der Wagen. Nancy redete. »Sie brauchen nur diese Kerne zu pflanzen«, sagte sie, »und Sie werden genug zu essen haben.«
»Vielen, vielen Dank«, erwiderte die magere schwarze Frau, zu der Nancy sprach. »Und was für Samen sollen das sein?«
Ich setzte mich auf und blickte mich um. Wir befanden uns in tiefster, schäbigster Provinz und standen vor einer brüchigen Landarbeiterhütte. Es war zu wolkig, um die genaue Tageszeit bestimmen zu können, aber ich schätzte, es mußte gegen Mittag sein. Nancy sprach mit einer zerbrechlichen Frau mit grauer Haut und immenser Kinderschar. Der Boden um ihr Häuschen herum war festgetrampelte nackte Erde.
»Pflanzen wir sie hier«, schlug Nancy vor und kratzte zwei Löcher in den Lehmboden. In jedes senkte sie ein Korn und rief nach Wasser.
»Cardo, hol mal den Eimer«, sagte die alte Frau. Einer ihrer mageren Söhne sprang davon.
»Guten Tag«, sagte ich und kletterte aus dem Auto. Serena war schon auf, sie stand neben Nancy. »Wir haben 'ne neue Pflanzenart«, erklärte ich. »An der Krapfen und Koteletts wachsen.«
»Das ist aber ganz schön geflunkert, das merk ich«, entgegnete die Schwarze. »Sind Sie so was wie 'n Priester?«
Cardo kehrte zurück und fing an zu gießen. Sofort schossen kleine grüne Pflänzchen in die Höhe, und ein paar der Kinder stellten sich drum herum und guckten zu. Ich ging ebenfalls hin und gab Serena einen Kuß. Das machte Spaß, mehr Spaß, als für Susan Lacey bei Softech zu arbeiten.
»Ungefähr 'ne Stunde wird's dauern, Mrs. Johnson«, sagte Nancy. »Macht's Ihnen was aus, wenn wir zuschaun?«
»Bleiben Sie nur. Seit Luther von uns gegangen ist, bin ich froh, 'n paar Erwachsene um mich zu haben, mit denen ich schwatzen kann.«
»Luther war Ihr Ehemann?«

»Er sagt es.« Weitere Informationen gab es nicht. Naja, egal. Die Samen waren für jedermann – niemand sollte ein Formular ausfüllen müssen, um sie zu erhalten. Umsonst essen! Je länger ich darüber nachdachte, desto toller fand ich die Idee.

Mrs. Johnsons Kinder begannen Serena in ihr Herz zu schließen. Sie zeigten ihr, wie man mit dem aufgehängten Autoreifen schaukelte, und eines der kleinen Mädchen holte eine lädierte, aus Putzlumpen genähte Puppe zum Spielen aus dem Haus. Die Wolkendecke brach auf, und die warme Herbstsonne brannte vom Himmel. Ganz in der Nähe stand ein Kastanienbaum, und Serena machte sich daran, glänzende Kastanien zu sammeln.

Innerhalb einer Stunde war der Kotelettbusch so hoch wie ein Großes Geißblatt, und der Krapfenbaum acht Fuß hoch. Der Busch hatte glänzende rötliche Blätter und speckige kleine weiße Blüten. Und schon fielen die Blütenblätter herab, und die Früchte fingen an zu wachsen.

Noch eine halbe Stunde später, und die Ernte konnte beginnen. Ich griff nach oben und pflückte die Krapfen, rund und leuchtend wie Orangen. Die Kinder drängten sich zum Festmahl, und Nancy zeigte ihnen, wie man die Koteletts von den Zweigen löste.

»Und heben Sie die Samen gut auf«, ermahnte ich Mrs. Johnson. »Die können Sie an Ihre Verwandten weitergeben.«

Sobald die Pflanzen abgeerntet waren, fingen sie wieder zu blühen an. Ihrer Produktivität schienen keine Grenzen gesetzt.

»Cardo«, rief Mrs. Johnson, »sag Emmylou Bescheid und den Curtises auch. Sag ihnen, wir machen Picknick.«

Cardo lief die Straße hinab und stieß Jubelrufe aus. Als die nächste Ernte fällig war, standen zweimal soviel Leute um die Pflanzen herum. Irgendwer hatte Cool-Aid-Limonade mitgebracht; ich nahm einen langen Zug.

Ein paar der Kinder hatte Kerne fallen lassen, und die begannen jetzt ebenfalls zu sprießen. Je mehr wir zugriffen, desto mehr Pflanzen gab es. Und je mehr es zu essen gab, desto mehr Mäuler waren da, die gestopft werden wollten. Alle möglichen ramponierten Autos säumten beide Seiten der Straße. Nancy und

Serena und ich waren die einzigen Weißen, doch schien das niemanden zu stören. Und Mrs. Johnson erzählte allen Neuankömmlingen, daß wir die magischen Samenkerne erfunden hätten.
»Ich denke, wir können jetzt weiterziehn, Joey«, sagte Nancy. »Einen guten Anfang haben wir ja gemacht.«
»Okay. Kann ich mal fahren?«
»Klar.«
Im Lauf der Woche verteilten wir in halb Jersey Samen. Manchmal wagten wir uns in die Städte, aber meistens blieben wir in ländlichen Gegenden. Kein Mensch würde glauben, wie es dort aussah. Bei der neuerlichen Depression gab es jede Menge Leute in den Dörfern, die nicht genug zu essen hatten.
Nur wenige Tage später begann man, über uns im Radio zu berichten. Es gab Leute, die meinten, die neuen Pflanzen hätten etwas mit der Invasion der Herberiten zu tun. Andere waren überzeugt, wir wären Kommunisten. Insgesamt standen die Behörden kostenlosen Nahrungsmitteln ablehnend gegenüber. Unsere Pflanzen wurden ausführlichen Testreihen unterworfen, aber die Krapfen und Koteletts waren nichts anderes als gesunde, wohlschmeckende Kost. Und durch die vielen Leute, die die Samen weitergaben, hatten die Pflanzen innerhalb kürzester Zeit so ziemlich den ganzen Staat New Jersey zugedeckt. Das Landwirtschaftsministerium erwirkte einen richterlichen Haftbefehl gegen uns. Aber niemand wollte ihnen verraten, wo wir waren.

Willkommen, Joseph Fletcher!

»Nancy, ich *muß* zurück und sehen, was Harry macht.« Gemächlich kreuzten wir durch die Innenstadt von Trenton und hielten Ausschau nach Leuten, denen wir unsere Samenkerne geben konnten. Die Dämmerung brach herein, und ein Vorgeschmack des nahenden Herbstes lag in der Luft.

»Warte mal, da ist 'n Penner.« Nancy fuhr an den Straßenrand, wo ein alter Mann auf einer Bank ausgestreckt lag. Ich schaukelte Serena auf meinen Knien, während Nancy dem Mann zwei Samenkerne zeigte und sie dann neben seiner Parkbank in die Erde steckte.

»Er hat schon von uns gehört«, sagte Nancy und setzte sich wieder hinters Steuer. »Einige seiner Freunde hätten schon Samen, meinte er.«

»Sei dir darüber im klaren, Honey, es wird nicht lange dauern, und alle Bewohner haben unsere Samen. Und von Jersey aus dringen sie jetzt schon nach New York und Pennsylvania vor.«

»Dann sollten wir nach Süden fahren, bevor der Winter einsetzt. Mexiko... da herrscht noch größerer Hunger!«

»Kannst du die Körner nicht einfach mit der Post schicken? Ich will zurück nach New Brunswick und sehen, was Harry so treibt. Vielleicht breiten die Herberiten sich ja gar nicht aus, aber wer weiß? Möglicherweise bereiten sie sich auch auf eine Großoffensive vor.« Auf der vergoldeten Kuppel des Kapitols glänzten kalt letzte Strahlen der untergehenden Sonne. Der Winter war nicht mehr fern.

»Na gut, Joe. Ich bring dich hin und setz dich ab. Meinst du, man kann sich schon nach Hause wagen?«

»Bloß nicht! Hinter mir sind sie her, weil ich Harry behilflich war, und hinter dir sind sie wegen der Samenkerne her. Du hättest nicht so vielen Leuten deinen Namen sagen sollen.«

»Nun hör mal zu, 'n bißchen Anerkennung will ich auch. Außerdem sind sie nicht richtig hinter uns her... Sie wollen uns nur 'n paar Fragen stellen. Mir würd's nichts ausmachen, 'n paar Fragen zu beantworten... allerdings in geeignetem Rahmen.«

»Du meinst, du würdest gern im Fernsehn auftreten?«

»Nun... ich seh keinen Grund, weshalb ich das nicht sollte. Die könnten mich auf der Titelseite von *Time-Magazine* bringen, Joe. *Ich* habe die Lösung gegen den Welthunger.«

»Tja, dagegen läßt sich nichts sagen.«

Mit Vollgas ließen wir Trenton hinter uns und nahmen den Highway in Richtung New Brunswick. »Ich werde dich einfach absetzen«, sagte Nancy, »und dann werde ich unsere Samen an Hungerkontaktstellen in aller Welt versenden. Und morgen werde ich in die ABC-Fernsehstudios von Manhattan gehen.«

»Also gut... Was meinst du? Sollen wir nicht mal irgendwo anhalten und was essen?«

»Was denn? In einer dieser schäbigen Raststätten?«

»Warum denn nicht? Koteletts und Krapfen kommen mir schon aus den Ohren raus.«

Also hielten wir an der nächsten Raststätte an. Auf der Speisekarte standen Koteletts und Krapfen natürlich an erster Stelle. Jetzt waren unsere Samen doch tatsächlich in den Handel gelangt. Ich bestellte Suppe und Salat. Soweit man den Radiomeldungen entnehmen konnte, enthielten unsere Krapfen alle Vitamine der Welt, aber ich mochte grünes Gemüse immer noch nicht missen. Serena nahm einen Eisbecher.

Je mehr wir uns New Brunswick näherten, desto dichter wurde der Verkehr. Zahlreiche Armeelastwagen waren unterwegs, auch mit Kreuzen bepinselte Omnibusse. ›Christlicher Kinder-Kreuzzug von Killeville‹, stand auf einem Bus. ›Alten-Heimat der Shiloh-Baptisten‹, stand auf einem anderen. ›Shekinah Gospel-Gemeinschaft‹, ›Offenes-Bibel-Netzwerk unserer lieben Sonne‹, ›Glühende Hoffnung der Frauen-Priesterschaft‹.

»Was machen diese ganzen Idioten hier?« fragte ich mich halblaut. Wir erreichten die Ausfahrt New Brunswick und krochen, umgeben von Armeefahrzeugen und Omnibussen, auf die Stadt zu. Die eigentliche Zufahrtsstraße war gesperrt. Ein auf unsicheren Füßen stehender Sergeant winkte uns mit zwei Stablampen auf einen Parkplatz.
»Das muß mit diesen Gottesgesetzen zu tun haben«, bemerkte Nancy. »Die Leute sind heutzutage so auf Religion aus...«
»Ich kann's kaum fassen. Im Radio hat keiner was davon gesagt.« Ein großer, himmelblau gestrichener Bus manövrierte gemächlich auf den freien Platz neben uns. Ältere Heilssucher schwärmten heraus.
»Ich werde dich jetzt verlassen, bevor mich noch wer tauft oder so was Ähnliches«, sagte Nancy. »Paß auf die Hirnis auf, Joe, und sieh zu, daß du dir Whisky besorgst.«
»In Ordnung, Kleines. Und paß du auf, daß du einen guten Rechtsanwalt findest, bevor du im Fernsehen auftrittst. Man kann nie wissen. Im Kofferraum ist noch jede Menge Kohle. Diese Woche war gar nicht schlecht, oder?«
»Toll. Das war wie 'ne Hochzeitsreise.«
»'ne Krapfenreise. Ich liebe dich, Nancy.«
»Ich liebe dich, Joe.«
Ich küßte meine Frau und meine Tochter, und dann fuhren sie davon. Ich marschierte zum Parkplatzeingang zurück und fragte den Sergeanten, wo man hier Whisky kriegen konnte. Der Sergeant war ein dunkelhäutiger Kerl Anfang Zwanzig.
»Irgendwo da drüben gibt's 'nen Schnapsladen«, sagte er und schwenkte eine seiner Stablampen in unbestimmte Richtung. Er schien reichlich voll.
»Kann ich dir nicht was abkaufen? Ich hab keinen Wagen, dafür aber Geld, viel Geld.«
Der Sergeant blickte sich um; keine Vorgesetzten in Sicht. »Sie sind kein Plünderer, oder so?«
»Nein, mein Junge. Ich bin Tourist. Hier sind fünfzig Eier.«
Der Sergeant steckte den Schein in die Tasche und reichte mir seine Lampen. »Bin gleich wieder da.«

Ich winkte einen weiteren Bus auf den Parkplatz, und schon war der Sergeant zurück und hielt eine Feldflasche Äthylalkohol in der Hand.
»Ein Geschenk der Regierung«, sagte er breit lächelnd. Ich nahm einen Schluck, würgte ein wenig und nahm noch einen.
»Danke, Sergeant. Das Zeug hält einem die Hirnis vom Leibe, was?«
»Klar doch. Gary steht nicht drauf.«
»Was machen eigentlich diese ganzen Freaks hier?« Ich zeigte mit einer Kopfbewegung auf eine Gruppe Ladies in Blümchenkleidern, die vorübertaperten.
»Seit mehreren Tagen strömen sie jetzt schon herein. Den Evangelisten ging so 'n Licht auf, Gary könne der neue Messias sein. Wir können sie nicht davon abhalten, in die Stadt zu kommen, und bisher hat keiner versucht, wieder herauszukommen.«
»Komisch.«
»Du sagst es, Bruder.«
Ich gab ihm seine Lampen zurück und reihte mich in den Menschenstrom ein, der sich auf New Brunswick zubewegte. Ich geriet in Gleichschritt mit einem blaßgesichtigen kleinen Mann mit einer roten Strandjacke. Auf dem Rücken stand ›Virginia Küsten-Rettungsmannschaft‹.
»Wollen Sie 'nen Schluck?« sprach ich ihn an.
»Heiliger Jesus, nein«, antwortete er. Seine Stimme hatte einen angenehm kratzigen Klang. »Es wäre eine Schande, dem Herrn verderbt gegenüberzutreten, finden Sie nicht?«
»Der Herr ist nicht hier«, entgegnete ich ihm. »Eine Bande von Herberiten aus einer anderen Dimension ist hier. Parasiten…«
»Gary Herber ist hier«, sagte der Mann dickköpfig. »Hab ihn ja im Fernsehn gesehen. Gary ist gekommen, um die Schriften auszurollen.«
»Wie… wie sieht Gary Herber denn aus?« fragte ich. Ich hatte eine ziemlich genaue Vorstellung davon, wie die Antwort ausfallen würde. »Sieht er so aus wie eine Kröte? Ein kurzgeratener Kerl mit schlabbrigen nassen Lippen?«

»Das ist er, mein Freund. Und er hat einen Engel bei sich. Einen blonden Engel, der richtig fliegt. Unser Priester hat uns hierhergebracht, damit wir an der Erlösung teilhaben.«
Am Stadtrand stand ein Empfangskomitee bereit, rundschultrige junge Männer mit einem verklärten Lächeln auf den Gesichtern. Sie trieben die Neuankömmlinge in ein großes Gebäude und – so war anzunehmen – klatschten jedem ein Hirni zwischen die Schulterblätter. Ich entging dieser Aktion, indem ich mir einen Pullover unters Hemd stopfte und sagte, ich sei bereits erlöst. Die ganze Angelegenheit schien auf beiden Seiten auffallend schlecht organisiert. Den Herberiten war alles mindestens ebenso egal wie den Soldaten. Wer einen Hirni auf den Rücken wollte, kriegte einen, wer keinen wollte, kriegte keinen, und das war dann auch okay.
Ich bog in die Suydam Street ein und fragte mich, wo ich Harry wohl finden würde. Am logischsten war's, zunächst in seiner Wohnung nachzusehen. Entweder war er da oder in der lokalen Fernsehstation.
Viele Leute tummelten sich auf der Straße, und alle hatten Hirnis auf dem Rücken. Trotz der kühlen Witterung hatten die meisten die Hemden ausgezogen, damit die Hirnis sich gegenseitig berühren und miteinander plaudern konnten. Ich blieb bei meiner Flasche Schnaps.
Bis zu Harry waren es nur noch ein paar Blocks, als ich auf einmal einen Aufschrei hörte. »Der Engel des Herrn! Da ist Garys Engel!«
Es war Sondra. Splitternackt und mit einem Hirni auf dem Rükken. Sie flog ungefähr fünfzehn Fuß über der Menge und blickte mit glasigem Blick lächelnd auf uns herab. Ich verbarg mein Gesicht, damit sie mich nicht erkannte.
»Dies sind die letzten Tage!« brüllte eine Frau neben mir auf. »Gelobt sei Jesus!« Ich nahm noch einen Schluck Schnaps und drängte durch die Menge weiter. Hoffentlich funktionierte der Blanser noch. Ich mußte diesen Hirnrissigkeiten bald ein Ende setzen.
Je mehr ich mich Harrys Adresse näherte, desto dichter wurde

das Menschengewimmel. Irgendein Eiferer riß mir mein Hemd vom Leib und entblößte meinen blanken Rücken. Herberiten fingen sogleich an, sich an mir zu reiben, damit ihre Rückgratreiter sich teilen und bei mir aufspringen konnten, aber in der Zwischenzeit hatte ich so viel Schnaps im System, daß ich für sie ungenießbar war.

»Folgt Gary!« sang die Menge. »Seid sauber! Lehrt Gottes Gesetze! Folgt Gary! Seid...«

Bis jetzt war alles gewaltlos verlaufen, aber ich wurde zunehmend nervös. Ich drängelte weiter nach vorn, lächelte nach rechts und links, und ab und zu spritzte ich mir ein wenig Alkohol auf den Rücken. Es war schwer zu begreifen, weshalb die Armee nicht eingriff und diesem Durcheinander ein Ende setzte. Aber wahrscheinlich war sie viel zu betrunken.

Endlich stand ich vor Harrys Kybernetik-Laden. Vor der Tür lungerten ein paar Wachen herum. Einer von ihnen sah besonders stark aus. Ich drängte mich nach vorn und machte meinen Spruch. »Darf ich eintreten? Ich bin ein alter Freund von Harry Gerber.«

»Du bist noch nicht erlöst, mein Sohn«, bemerkte der schwarzhaarige Hüne und betrachtete stirnrunzelnd meinen nackten Rücken. Irgendwie kam er mir bekannt vor.

»Ich bin ein Mystiker«, sagte ich einschmeichelnd. »Ich liebe euch auch.«

»Wie ist dein Name?«

»Joe Fletcher.«

»Sieh da!« rief der Wächter aus. Mein Name schien ihm irgendwie nicht unbekannt. »Es ist der Hirte des Propheten, der die seinen gespeist hat. Willkommen, Joseph Fletcher!«

»WILLKOMMEN, JOSEPH FLETCHER!« röhrte die Menge hinter mir.

Ich konnte nicht widerstehen, ich drehte mich um, machte eine Verbeugung und winkte.

»Dr. F.«, rief Antie und eilte mir entgegen. »Ich bin so froh, daß Sie gekommen sind. Ich weiß nicht, was über all die Leute gekommen ist. Mein Harry ist nicht mehr der alte.«

»Wo ist er?«
»Oben im Thronzimmer.«
»Im *Thron*zimmer?«
»Er benimmt sich jeden Tag kindischer.«
Ich folgte Antie nach oben. Natürlich, der Eßtisch war mit einem Teppich behängt, und obendrauf stand ein Stuhl. Dies war Harrys Bischofssitz. Zu meiner Erleichterung spazierte er um den Tisch herum und saß nicht drauf. Er hatte sein Hemd ausgezogen und trug ein enorm großes Hirn zwischen den Schulterblättern. Bis auf Antie waren wir allein.
»Pack ihn, Antie. Es ist nur zu seinem Besten.«
»Check, Dr. F.«
Bevor Harry ein Wort sagen konnte, hatte Antie ihn in einem doppelten Hammergriff. Mit raschen Bewegungen schüttete ich die halbe Flasche Schnaps über das große Gehirn auf Harrys Rückgrat. Das wirkte wie ein Schock; der Hirni zog sich bei der Berührung mit dem Gift zusammen, so daß ich meine Hand darunter schieben und es losreißen konnte, wie ich es bei dem Polizisten getan hatte. Das Gary-Hirn, der schwergewichtige Außerirdische, pflotschte auf den Boden.
»Zertrampel ihn, Antie.«
Sie tat es.

Blaue Gluonen

»Holz«, stöhnte Harry. Er stand an den Eßtisch gelehnt und schüttelte sein Haupt. »Ich fühle mich, als wäre alles aus Holz. Gott noch mal, und du, Antie, du hast mein Hirn zermatscht? Hilf mir doch, Fletcher, mir tut alles weh.«
»Willst du was trinken?« Ich reichte ihm die Feldflasche. Harry setzte sie an und überließ für eine Weile alle Aktivitäten seiner Kehle.
»Plastik«, seufzte er schließlich, als er die Flasche absetzte. »Wenigstens ist jetzt alles Plastik.«
»Wie lange hatte Gary eigentlich Gewalt über dich?«
»Hhm, seit jenem Abend, als wir zurückkehrten. Die Hirnis haben Sondra und mich im Schlaf überwältigt. Was für 'n Tag haben wir 'n heute?«
»Mal wieder Montag. Eine Woche ist's jetzt her.«
»Die Zeit vergeht einem wie im Flug, wenn's was Aufregendes gibt.« Harry verrenkte den Kopf und versuchte einen Blick auf seinen Rücken zu werfen. »Wird das eine große Narbe geben?«
»Ich werd mal Verbandszeug holen«, warf Antie ein. »Und ein wenig Salbe gegen Infektionen. Mach dir nur keine Sorgen, Harry.« Sie machte sich auf in die Küche.
»I-ich war im Fernsehen«, sagte Harry. »Sondra und ich waren im Begriff, 'ne Art Religion zu stiften.«
»'ne Art? Die Menschenmengen draußen hast du doch gesehen, oder nicht?«
Harry lachte, gleichzeitig schüttelte es ihn. »Perfekte Sache, was? Daran kannst du sehen, daß alles, was ich jemals zum Thema Religion geäußert habe, stimmt. Für religiöse Einfalt ist der

Himmel die Grenze. Doch kommen irgendwelche außerirdische Invasoren daher, und schon strömen die Gutgläubigen herbei, um sich vereinnahmen zu lassen. Und währenddessen...«

»Bevor du überheblich wirst, Harry... vergiß nicht, daß du ihr Oberhaupt bist! Wie war das eigentlich mit dem Hirni auf dem Rücken?«

Harry zuckte die Achseln, trank meine Feldflasche leer und schlurfte in die Küche, Nachschub zu holen. Wir ließen eine Flasche Scotch kreisen, während Antie die blutrote Stelle zwischen Harrys Schulterblättern verarztete.

»Ich muß schon sagen: Es war gar nicht schlecht«, nahm Harry schließlich die Unterhaltung wieder auf. »Du kennst es ja. Da ist diese ständige Stimulierung der Nerven, und – was noch wichtiger ist – man hat das Gefühl, für ein größeres Ganzes zu arbeiten. Normalerweise hab ich bei den Sachen, die ich so mache, überhaupt keine rechte Motivation. An Gary zu glauben, das tat schon sehr gut.« Harry schwieg einen Augenblick und fuhr dann fort: »Wie reagiert denn die Öffentlichkeit auf dieses Theater? Ich meine, von meiner Gefolgschaft einmal abgesehen.«

»Ich weiß nicht recht, es ist alles ziemlich undurchsichtig. New Brunswick wird von der Armee abgeriegelt, aber die Jungs scheinen nicht zu wissen, ob sie eingreifen sollen oder nicht. Letzte Woche war die Invasion Thema Nummer eins, aber jetzt... jetzt reden alle nur noch von den Wunderpflanzen. Da die Herberiten sich im großen und ganzen ruhig verhalten, haben die Leute das Interesse verloren.«

»Wunderpflanzen? Du meinst jene Samen, die ich für Nancy gemacht habe?«

»Genau die – Kotelettbüsche und Krapfenbäume. Nancy und ich haben die Samen überall verteilt. Das zumindest ist ein Wunsch, mit dem's wirklich gut geklappt hat. Aber, wo wir gerade von Wünschen reden, wie geht's Sondra? Ich habe sie draußen nackt herumfliegen sehn. Wir sollten versuchen, ihr dieses Hirn vom Rücken zu entfernen.«

»Mein Engel«, sagte Harry weinerlich. Der Schnaps war's, der jetzt Wirkung zeigte. »Mein armer gefallener Engel.«

»Weißt du, wo sie ist?«
»Sie… nachts sitzt sie bei mir auf der Stange. In meinem Schlafzimmer.«
»Also werden Antie und ich dafür sorgen, daß dieses Geschwür abgeht, wenn sie nach Hause kommt. Oder sollte ich mich blansen lassen und alle Hirnis auf einmal aus der Welt schaffen?«
»Ich hab die restlichen Gluonen verbraucht«, murmelte Harry. Er schien Mühe zu haben, die Augen offenzuhalten. »Und es hat nicht funktioniert… stimmt's, Antie?« Er stieß sich von der Wand ab, an die er sich gelehnt hatte, und schlurfte durch die Stube. »Muß mich ausruhen, paßt ihr mal auf Sondra auf.«
Antie und ich legten Harry aufs Bett und bereiteten einen Hinterhalt für Sondra vor. Mit randvollem Whiskyglas stand ich neben dem Fenster, an die Wand gedrückt wie ein Gangster der vierziger Jahre, der den Bullen auf der Straße zuhört. Antie stand an der Wand auf der anderen Fensterseite. Wir vertrieben uns die Zeit, indem wir über die Ereignisse der vergangenen Woche plauderten.
Offensichtlich hatten Harry und Sondra den Blanser anzuwerfen versucht. Gary wollte die Tür zu dem Universum wiedergeöffnet haben, damit ein Teil von ihm dorthin zurückkehren konnte. Auch wollte er einiges hier, in unserer Welt verändern: überall seine Hirne, eine zentrale Diktatur, kein Schnaps… und so weiter. Antie und Sondra waren alle Vorbereitungen genauso durchgegangen wie beim ersten Mal, als aber der Goldschußtisch Harry die Nadel ins Hirn stieß, war nichts passiert.
»Ich war so froh«, sagte Antie. »Ich glaube, die Roboter hätte Gary auch gerne abgeschafft.«
»Hast du am Blanser etwa Sabotage betrieben, Antie? Hat er deshalb nicht funktioniert?«
»Nein, nein; dazu hatte ich viel zu viel Angst. Du erinnerst dich: Letztes Mal hätte er mich fast umgebracht. Rote Gluonen hatten wir noch genug, aber sie haben einfach nicht funktioniert.«
Plötzlich fiel mir etwas ein. Die merkwürdig vertraute Stimme, die ich in meinem Autoradio gehört hatte, als ich mich am Freitagnachmittag letzter Woche im Anschluß an die Softech-

Schicht in der infiniten Regression befunden hatte. **Die roten Gluonen funktionieren nur einmal**, hatte die Stimme gesagt. **Nimm beim zweiten Mal blaue Gluonen.** Blaue Gluonen? Ich fragte mich, ob Stars 'n' Bars sie vorrätig haben würde. Konnte es sein, daß die Stimme im Radio meine eigene gewesen war? Vielleicht war ich dazu bestimmt, jetzt meinerseits die Rolle des Herrn über Raum und Zeit zu übernehmen.

Unbändiges Freudengeschrei riß mich aus meiner Träumerei. Die Menschenmenge tobte. Ich wagte einen vorsichtigen Blick nach draußen und sah, daß sich die meisten Leute alle Kleider vom Leib gerissen hatten. Alles wälzte sich durcheinander, und die Hirnis teilten sich und krochen von Rücken zu Rücken. Wenn das keine handfeste Orgie war! Und über allen Andächtigen schwebte ihre Königin: Sondra Tupperware, lieblich anzusehen wie Marylin Monroe, leicht wie eine Wolke, nackt wie ein feuchter Traum.

»Sie wird jetzt jeden Augenblick kommen«, sagte Antie. Ich nahm einen kleinen Schluck aus dem Glas in meiner Hand. Harrys gleichmäßiges Schnarchen erfüllte den Raum.

Schließlich erreichte das wüste Geschrei seinen Gipfel – es klang, als ginge allen auf einmal einer ab –, und unser blonder Engel schwebte durch Harrys offenes Fenster herein.

Ich traf mit meinem Glas Schnaps voll ins Schwarze. Bevor Sondra noch *piep* machen konnte, hatten wir das Gary-Hirn von ihrem Rücken und unter Anties metallenen Sohlen.

»Joe!« rief sie aus und bedeckte ihre Brust. »Was machst du denn hier?« Dann bemerkte sie, daß ihre Brüste nicht alles waren, was bedeckt werden wollte. Sie sprang zum Kleiderschrank und zog einen Morgenmantel hervor.

»Laß dir von Antie lieber einen Verband anlegen«, schlug ich vor. »Wenn's der Anstand erlaubt.«

»Oh, Joe... ich war...« Sie ging ans Bett und fühlte Harrys Rükken. »Wie lange sind wir...«

»Seit genau einer Woche. Die haben euch gleich in der ersten Nacht erwischt. Nancy und mich wollten sie auch überrumpeln, aber wir sind ihnen entwischt.«

»War das Whisky, was du mir da über den Rücken geschüttet hast?«
»Whisky, ja. Gary ist allergisch dagegen, weißt du noch?«
»I-ich sollte lieber was trinken. Und was essen. Den Rückgratrittern ist's ziemlich egal, ob ihre Wirte was zu essen kriegen oder nicht.«
Viel war nicht im Kühlschrank – Antie sagte, frische Nahrungsmittel wären kaum noch erhältlich –, aber im Tiefkühlfach war noch was. Antie schob gebratenes Huhn und Kartoffelbrei für Sondra in den Mikrowellenherd, und ich schenkte ihr ein großes Glas Weißwein ein.
»Ich habe vor, mich blansen zu lassen«, erzählte ich ihr.
»Es funktioniert nicht«, sagte Sondra. »Dem Himmel sei Dank.«
»Ich glaub, ihr hattet nur die falschen Gluonen«, erklärte ich ihr.
»Harry hat mir mal erzählt, daß es Gluonen in drei Farben gibt: Rot, Gelb und Blau. Ich hab das Gefühl, daß jede Farbe nur einmal funktioniert.«
»Willst du damit sagen, der Blanser funktioniert genau dreimal?«
»Wie in all den Märchen. Ich denke, es ist an der Zeit, die zweite Wunschrunde einzuläuten.«
»Und die Gary-Hirne? Wirst du die alle verschwinden lassen?«
»Meinst du nicht, daß ich das sollte?«
Sondra zog den ihr viel zu großen Morgenmantel enger zusammen. »Schon… natürlich. Obwohl die Leute, die Gary anzieht, so dumm sind, daß…«
»… es ihnen so besser geht? Eine gute Idee. Vielleicht läßt die Armee deshalb alle rein. Jemand, der sich freiwillig einer außerirdischen Herrschaft unterwirft, verdient es wirklich nicht, Frieden und Freiheit zu genießen. Das ist durchaus eine Idee, Sondra.«
»Aber dies ist immer noch der erste Akt. Sobald der Menschenstrom nach New Brunswick versiegt, wollen die Hirnis ausbrechen.«
»Bist du ganz sicher?«

»Hat dir Harry denn nichts erzählt?«
»Er hat nicht viel erzählt, bevor ihn der Schlaf übermannte. Du solltest lieber auch ein wenig schlafen, Sondra. Ich brauche morgen deine Hilfe.«
»Ich habe Angst.« Sie schenkte sich noch ein Glas Wein ein. »Ich habe Angst, die Hirne kommen zurück, wenn ich schlafe. Kommst du mit mir ins Bett, Joe?«
»Was für 'ne Frage! Hast du in letzter Zeit mal in den Spiegel geguckt?«
»Sei doch nicht so! Im Innern bin ich immer noch die gute alte Sondra, weißt du. Ich wünschte, ich könnte mein richtiges Gesicht wiederhaben.«
»Morgen. Morgen werden wir blaue Gluonen besorgen, und ich werde alles wieder in Ordnung bringen. Warum trinkst du nicht aus, und dann gehn wir ins Bett?«
»Okay, Joe.«

Sitz auf meinem Po

Das Telefon weckte mich, als der Morgen dämmerte. Ich hatte einen Kater der Extraklasse: schwabbliges Gelee im Kopf und überall Schmerzen. Der Apparat stand neben unserm Bett.

»Hallo?«

»Joey! Alles in Ordnung?«

Es war Nancy.

»Ja, ja doch, Liebes, alles in Ordnung. Bist du in New York?«

»Ja, bin ich. Ich hab beim Fernsehen angerufen und werde morgen früh in der Brad-Kurtow-Show auftreten. Ich wohne im Plaza Hotel.«

»Toll. Und ich schlafe in einem Doppelbett mit Harry und Sondra. Die Hirne habe ich ihnen vom Rücken geschafft, und heute werde ich versuchen, mich blansen zu lassen.«

»Was meinst du damit, mit Sondra im Bett?«

»Nur, um sie zu beschützen, Nancy.«

»Laß sie sich doch selbst beschützen, die blonde Kuh.«

»Es ist ja nicht ihre Schuld, daß sie so aussieht. Außerdem hat sie beschlossen, daß ich ihr Gesicht zurückverwandeln soll.«

»Du willst dich wirklich blansen lassen?«

»Ich denke schon. Ich werde uns von den Gary-Hirnen befreien und... ich weiß nicht. Gibt's sonst noch was, das ich wünschen sollte?«

»Ja, Joe. Ein Penthouse oben auf dem Plaza. Mir gefällt's da.«

»Noch was?«

»Ich möchte auch fliegen können. Wie Sondra. Warum soll sie immer alles kriegen? Ich werde in unser Penthouse ein- und ausfliegen wie eine Schwalbe.«

»Hört sich gut an. Und, wenn ich schon dabei bin, werde ich mir noch zehn Millionen Dollar wünschen.«
»Und Unsterblichkeit.«
»Nein, nein! Ich will nicht ewig leben. Der Tod ist alles, was mich in Bewegung hält.«
»Na gut, vergiß es, aber die anderen Sachen nicht. Viel Glück, Joey. Ich muß jetzt ein Taxi rufen.«
Ich legte den Hörer auf und tastete vorm Bett nach dem Scotch herum. Normalerweise trinke ich morgens nicht, aber heute hatte ich eine gute Entschuldigung. Mehrere…
Allein der Geschmack dieses Zeugs ließ mich so laut husten und würgen, daß es die anderen weckte.
»Holz«, stöhnte Harry. »Alles ist billiges splittriges beiges und weißes…«
Ich gab ihm die Flasche.
»*Ich* muß das doch nicht trinken, oder?« fragte Sondra.
»Nicht wirklich«, sagte ich und nahm einen weiteren Schluck. »Du und ich werden hier herausfliegen, bevor die Hirne dir was zuleide tun können. Du wirst mich doch tragen können, Sondra?«
»Sicher kann sie dich tragen«, sagte Harry. »Jeden Tag hat sie mich ins Fernsehstudio geflogen. Ihre Atome sind's… sie bestehen alle aus Null-Materie in Einstein-Podolsky-Rosen-Synchronizität mit allem, was ihr durch den Kopf geht.«
»Was bedeutet das?«
»Mein Körper bewegt sich in jede Richtung, die ich will«, sagte Sondra. »Wenn du dich auf meinen Po setzt, kann ich dich überall hinfliegen.«
»Wir müssen zu Stars 'n' Bars«, sagte ich und versuchte, nicht allzu intensiv an Sondras Po zu denken. Wie sich das wohl anfühlte, einen solchen Körper zu haben? »Ich will ein paar blaue Gluonen besorgen.«
»McCormack wird die nicht haben« meinte Harry. »Sie sind viel schwerer zu isolieren als die roten. Wofür brauchst du die blauen Gluonen überhaupt? Willst du Wissenschaftler spielen?«
»Antie erzählte mir, du hättest versucht, die roten auch beim

zweiten Mal zu benutzen, und's hat nicht funktioniert. Ich habe mir gedacht, vielleicht gibt's 'ne Art Äquivalenzprinzip, 'n Prinzip der Ausschließung: jede Farbe Gluonen funktioniert in diesem Universum nur ein einziges Mal, und damit hat es sich.«

»Fermi-Statistik«, sagte Harry nachdenklich. »Irgendwie ergibt das einen Sinn. Aber, blaue Gluonen, Fletch? Mehr als zwei oder drei Gramm wird's auf der ganzen Welt nicht geben. Und was meinst du, wer die hat?«

»Irgendwer, den wir kennen?«

»Erinnerst du dich an Professor Baumgard?«

»Oh, mein Gott, der?« Dana Baumgard war ein vom Establishment anerkannter und bekannter Physiker, der Harry und mich seit vielen Jahren haßte wie die Pest. Die Fehde hatte begonnen, als wir seinem Laboratorium einen Rüstungsauftrag vor der Nase wegschnappten – dabei ging es um eine spezielle Strahlenart, mit der man die Wasservorräte des Feindes radioaktiv verseuchen konnte. Was Baumgard am meisten aufgebracht hatte, war, daß Harry und ich zwar ein funktionierendes Demonstrationsmodell gebastelt hatten, aber nicht in der Lage gewesen waren zu erklären, wie oder warum es funktionierte. In Baumgards Augen war ich ein schmieriger Jahrmarktsschreier und Harry ein gemeingefährlicher schäbiger Zirkusclown. Auf einen Besuch bei ihm war ich also gar nicht scharf.

»Wo hält sich der Professor zur Zeit auf?«

»Er ist Direktor des Protonenbeschleunigers SIPL oder Super-Intersecting-Proton-Loop. Die einzige Anlage dieser Art, die die zur Produktion von blauen Gluonen notwendige Energie erzeugen kann. Sie steht in Iowa.«

»In *Iowa*?«

»Hübsche Gegend, und flach. Das erleichtert den Bau des Speicherringes, der in Form einer zehn Kilometer langen Acht angelegt ist. Die eine Schlaufe der Acht enthält Protonen und die andere Antiprotonen. Die Teilchen kreisen und kreisen in ihren Schlaufen herum, bis sie ordentlich auf Touren kommen, und dann legt jemand einen Schalter um, und die beiden Strahlen kollidieren.«

»Kannst du mich die ganze Strecke bis Iowa fliegen, Sondra?«
»Kannst du nicht ein Flugzeug nehmen, Joe?«
»Du schaffst das, Sondra«, sagte Harry und drehte die Beine aus dem Bett. »Ich werde dir nämlich einen elektronischen Windschild bauen.«
»Joe muß mir aber versprechen, daß er meinen Körper wieder in die alte Form bringt, wenn er's mit dem Blansen hinkriegt.« Sondra versuchte aus dem Bett zu schlüpfen, ohne daß ihr Morgenmantel sich öffnete. »Ich bin's leid, daß alle mich anstarren.«
»Was immer du möchtest, Sondra. Ich werd mich ums Frühstück kümmern, während du dich anziehst.« Ich ging in die Küche und untersuchte das Tiefkühlfach. Schinkensteaks und gefrorene Waffeln. Antie machte sich daran, das Ganze zu wärmen. »Ich geh mal runter in die Werkstatt«, rief Harry. »Ich will den Windschild für euch bauen.«
»Warte«, rief ich zurück und lief auf den Flur. Von unten konnte man die Stimmen der Wachen vernehmen. Ich faßte Harry am Arm, flüsterte ihm ins Ohr: »Stopf dir irgendwas unters Hemd, damit sie glauben, du hättest noch immer deinen Hirni im Kreuz. Sonst könnt es...«
»Kapiert«, flüsterte Harry zurück. Er wühlte in einem Kleiderschrank herum, der auf dem Flur stand, und fand einen kleinen Rucksack, den er unter einem Pullover bequem verbergen konnte. Im Schrank hingen eine Menge hübscher Kleider; offenbar hatten die Rückgratreiter Sondra gestattet, Kleiderkäufe zu tätigen. Ich griff in den Schrank und berührte das hübscheste von allen: ein bonbonfarbenes rot-weiß-gestreiftes Fähnchen.
»Bin gleich wieder da«, sagte Harry. Er klapperte die Treppe hinab und rief den Wachen ein munteres »Guten Morgen!« zu.
Sondra kam aus dem Schlafzimmer. In ihren engen Jeans und einer rüschenbesetzten Bluse sah sie bezaubernd aus. Ich ermahnte mich, sie nicht fortwährend anzustarren.
Wir waren gerade mit frühstücken fertig, als Harry mit seinem Windschild auftauchte. Er bestand aus einem kleinen Kästchen mit einer Parabolantenne obendrauf. Das Kästchen war dazu gedacht, eine spezielle Strahlung zu erzeugen, die den Fahrt-

wind in eine stromlinienförmige Bahn um uns herum leiten würde, damit er uns nicht ins Gesicht peitschte. Harry wies mich kurz in die Bedienung ein.
»Wo genau in Iowa *ist* SIPL eigentlich?« fiel mir noch ein zu fragen.
»Ein wenig nördlich von Ames. Ihr folgt der Interstraße 80 in Richtung Westen auf Des Moines zu und biegt dann rechts ab. Es ist nicht zu verfehlen.«
»Und was ist, wenn Baumgard sich weigert, mir die Gluonen zu verkaufen?«
»Dann legst du ihn um.« Harry reichte mir eine abgesägte Schrotflinte und eine Handvoll Patronen. »Du bläst ihm seinen dämlichen Kopf vom Rumpf.«
»Aber, Harry…«
»Das ist *illegal*«, ließ Sondra sich hören. »Dafür kommen wir ins Gefängnis.«
»Nun hört mal gut zu«, beschwichtigte Harry und hob lächelnd die Hände. »Heute morgen killt Fletch, der Dieb, Baumgard – großes Theater. Aber diesen Nachmittag läßt Fletch, der Herr über Raum und Zeit, Baumgard wieder auferstehen – *non habeas corpus*! Keine Leiche, kein Verbrechen.«
Ich konnte es mir nicht verkneifen zu lächeln. Was für ein verrückter Plan!
»Tja, wenn du das sagst«, meinte Sondra. Sie drehte sich um und ging ins Schlafzimmer. Sie legte sich bäuchlings quer übers Bett, ihren Kopf dem offenen Fenster zugewandt. »Also los, Joe. Setz dich auf meinen Po.«
Ich setzte mich auf ihren Po. Er war prall und fest, aber nicht *zu* fest. Wieder einmal überraschte ich mich bei dem Wunsch, selber so einen knackigen Körper zu haben. Die Patronen steckte ich in die Tasche, Flinte und Windschild legte ich auf meinen Schoß.
Ich hockte auf Sondra wie auf einem Pferd. Damit wir durchs Fenster paßten, mußte ich mich langmachen wie ein Jockey auf der Zielgeraden, und schon waren wir im Freien. Es regnete. Als die Herberiten uns gewahrten, jubelten sie uns zu; sie

konnten wahrscheinlich nicht sehen, daß unsere Rücken flach waren.
Wir flogen dem Raritan River nach aus New Brunswick heraus. Fast alle Brücken wurden von Soldaten kontrolliert; irgendein Idiot feuerte sogar einen Schuß auf uns ab. Wir gewannen an Höhe und bogen nach Westen ab.
Der Wind wurde immer stärker, und der Regen schmerzte im Gesicht. Ich umklammerte Sondras Taille mit meinen Knien, setzte mich auf und stellte den Windschild an. Ich drehte an den Knöpfen herum, bis ein unsichtbares Energiesegel sich vor uns blähte und einen Keil in Wind und Regen trieb.
»Ist das nicht toll, Sondra?«
»Genau! Ich liebe das Fliegen. Mein Leben lang hab ich davon geträumt. Aber könntest du nicht aufhören, so fest zu drücken? Wenn du herunterfällst, kann ich dich doch immer noch auffangen.«
»Oh! Tut mir leid.« Ich nahm meinen Kniedruck etwas zurück, und Sondra flog in schrägem Winkel weiter in die Höhe. Jetzt, wo der Wind praktisch ausgeschaltet war, bestand wirklich keine große Gefahr runterzurutschen. »Wenn ich deinen Körper verwandle... wenn er wieder so aussieht wie früher, willst du doch immer noch fliegen, ja?«
»Ja, gern. Das wünschte ich mir am meisten.«
Inzwischen waren wir über den Wolken, und die Luft war klar und frisch. Die heiße Morgensonne brannte mir auf den Rücken. Ab und zu konnte ich durch einen Riß in den Wolken ein Stück Pennsylvania sehen. Das Laub der Bäume hatte sich rot und gelb gefärbt. Von oben sahen die zerfurchten Hügel wie ein zusammengeschobener Teppich aus. Dann kamen das flache Ohio, die schmutzigen Great Lakes und Schachbrett-Indiana.
»*I-o-way*!« jubelte ich, als wir den Mississippi überflogen. »Hier bin ich noch niemals gewesen.«
»Ich schon«, sagte Sondra mit verdrießlichem Ton in der Stimme. »Und ich hatte nicht geplant, jemals zurückzukehren.«

Weshalb Dinge existieren

Aus der Luft sah SIPL aus wie primitive Erdschanzen: eine gigantische Acht inmitten gemähter Maisfelder. An der Stelle, wo die beiden Ringe sich kreuzten, stand ein Gebäude aus Glas und Metall. Auf einem Feld in der Nähe landeten wir.

»Wann warst du denn schon mal in Iowa?« fragte ich Sondra.

»Ich war in der fünften Klasse. Mein Vater hatte mehrere Gartenbaukurse an der State University Iowa belegt, er wollte den Ertrag seiner Marihuana-Felder steigern. Aber dann flog er raus, als er sich weigerte, irgendwelche Rechnungen zu bezahlen. Wir wohnten damals in einem Wohnheim für Studentenehepaare in Ames. Quonset House. Das alles ist schon sehr lange her…« Sie stolperte über einen Maisstumpf und fing sich an meinem Arm. »Meinst du nicht, du solltest die Flinte besser verstecken?«

»Stimmt.« Ich vergewisserte mich, daß sie gesichert war, schob mir den kurzen Lauf in den Hosenbund und zog mein Hemd über den Schaft. Den elektronischen Windschild stellte ich am Feldrand ab.

Obwohl es erst neun Uhr morgens, Iowa-Zeit, war, war Baumgard bereits in seinem Büro. Einen Augenblick lang wußte er nicht, wen er vor sich hatte.

»Mein Name ist Joe Fletcher, Professor Baumgard. Ich bin der Freund von Harry Gerber.«

»Ach, du lieber Gott! Fletcher und Gerber mal wieder… Soweit ich weiß, sind Sie beide verantwortlich für die Invasion dieser Seelenfängerparasiten in New Jersey. *Sie* werden mir ja wohl kaum erklären können, wie Sie das fertiggebracht haben…«

Der Kerl war durch und durch ein Spießer. Er hatte langes, fettig-graues Haar und trug einen Bart. In der Brusttasche steckte ein Mikrocomputer. Und es tönten die seichten Beatles aus den Boxen.

»Ich kann's versuchen.« Ich fing an, ihm von unserer Blanskammer zu erzählen, und wie die Konische Spule Gluonen zu Planckschem Saft peitschte, und...

»Genug, Mr. Fletcher. Das ist nun *wirklich* genug dummes Zeug für heute.«

»Aber unsere Maschine funktionierte, glauben Sie das etwa nicht?« Mein Stimmpegel stieg. Baumgard wußte wirklich, wo meine schwache Stelle lag.

»Woher soll ich wissen, ob Ihre Maschine funktionierte oder nicht. Ich weiß ja nicht einmal, wofür sie gut sein soll.«

»Sie gewährt Wünsche. Schauen Sie mal *sie* an. Harry hat ihr die Fähigkeit verliehen zu fliegen.« Ich zeigte auf Sondra, die schweigend zugehört hatte. »Übrigens, dies ist Sondra Tupperware. Sie ist Predigerin der Kirche des Wissenschaftlichen Mystizismus. Würdest du bitte ein wenig in der Luft schweben, Sondra?«

Sondra schwebte auf halbem Wege zwischen Fußboden und Zimmerdecke. Angeekelt wandte Baumgard sich ab. »Sind Sie einfach nur hierhergekommen, um mir Ihre billigen Zaubertricks zu zeigen, Mr. Fletcher? Haben Sie auch ein Kartenspiel dabei?«

»Nein«, sagte ich und versuchte, meine Stimme zu mäßigen. »Ich kam hierher, um Sie um Hilfe zu bitten; um endlich diese Invasion der Außerirdischen zu stoppen.«

»Du großer Gott. Wie aufregend. Warum erfindet Gerber seine Trägheitsschleuder nicht noch mal und fliegt die bösen Monster weg?« Baumgard sprach da eine Art Raketenantrieb an, den Harry vor wenigen Jahren ausgeheckt hatte. Irgendwie hatten wir dann vergessen, wie man ihn baute – der Ausgang dieser Sache war für mich wie von einem undurchdringlichen Schleier umgeben –, und finanziell waren wir damit schwer in Bedrängnis geraten.

»Ich brauche blaue Gluonen, Professor Baumgard. Geben Sie sie mir, und ich mache Ihre Träume wahr.«
Baumgard lehnte sich auf seinem Stuhl zurück und lachte. »Meine Träume wahrmachen! Sie sollten auf dem Jahrmarkt arbeiten! Als Ausrufer einer Freak-Show.« Mit einemmal brach das Lachen des Gelehrten ab. »Und ich bitte Sie, auf der Stelle zu gehen. Muß ich den Sicherheitsdienst rufen?«
Es war an der Zeit, schweres Geschütz aufzufahren. Ich drehte mich ein wenig zur Seite, zog die Flinte aus meinen Kleidern, wirbelte dann ganz schnell zurück, den kurzen Doppellauf direkt vor Baumgards Nase. »Harry meint, daß, wenn ich Sie jetzt umlege, wir Sie wahrscheinlich mit dem Blanser wieder ins Leben zurückrufen können. Wollen Sie's mal probieren?«
»Damit kommen Sie nicht ungeschoren davon, Fletcher.«
»Hab ich das nicht schon mal irgendwo gehört?«
»Sie sollten Joe lieber die blauen Gluonen geben«, übernahm Sondra die Unterhaltung. »Ich glaube, er sucht nach einem Vorwand, um Sie zu töten.«
Das stimmte zwar nicht, aber Baumgard schien es zu glauben. Dieser Kerl hatte wirklich eine schlechte Meinung von mir. Allein der Gedanke daran ließ in mir den Wunsch aufkommen, ich hätte einen Vorwand, ihn umzubringen.
In der Zwischenzeit hatte Baumgard einen seiner Schränke aufgeschlossen, dem er jetzt ein kleines Magnetfläschchen entnahm. »Hier sind dreieindrittel Gramm blaue Gluonen drin.«
Mit einer Hand immer noch die Waffe im Anschlag, schraubte ich den Deckel des Fläschchens ab und blinzelte hinein. Tinte, Himmel, Meer, mein Herz! Es war die echte Ware. »Was verlangen Sie dafür?« fragte ich und schraubte den Verschluß wieder zu. »Sie können haben, was Sie wollen, Professor Baumgard.«
Er versuchte, ein ironisches Lächeln auf sein Gesicht zu klemmen, es gelang ihm aber nicht. Ob er es mochte oder nicht, er wußte, es gab da eine Möglichkeit, die allein *ich* ihm bieten konnte.
»Ich würde gerne wissen… ich würde gern das Universum verstehen«, sagte Baumgard mit belegter Stimme. »Ich wüßte gern,

weshalb Dinge existieren und was Materie wirklich ist. Ich würde gern verstehen, weshalb die Dinge so sind, wie sie sind.« Einen Augenblick lang stahl sich der Ausdruck kindlichen Wissensdursts über sein Gesicht. »Nehmen Sie die Gluonen. Ich gebe Ihnen zehn Minuten, und dann rufe ich die Polizei.«

»Danke. Das ist mehr als fair. Mit Ihrem Wunsch werde ich mir die größte Mühe geben. Vielleicht haben Sie die Antwort noch heute abend.«

»Gewiß werde ich das, Colonel Fletcher.« Ganz urplötzlich war Baumgards Stimme umgeschlagen in beißenden Sarkasmus. Er bedauerte bereits, mir seine Seele offenbart zu haben. »Die Antwort werde ich gleich neben dem doppelköpfigen Kalb und dem Halb-Mann/Halb-Frau-Wesen suchen. Und grüßen Sie Ihren Freakkollegen von mir.«

Sondra und ich eilten aus Baumgards Glas-und-Metall-Welt, griffen uns den Windschild und machten einen Blitzstart. Bis zum Mittagessen in einem McDonald's in Geneseo, Indiana, wechselten wir kein Wort.

»Seine Fragen haben mir gefallen«, sagte Sondra und biß in ihren Big Mac. »Gute, gewichtige mystische Fragen. Weshalb existieren Dinge? Wie können sie sein, wie sie sind?« Alle männlichen Gäste des Restaurants starrten auf Sondra, ich aber hatte mich inzwischen genügend an ihr Aussehen gewöhnt, daß ich mich auf das, was sie sagte, konzentrieren konnte. Sie riß ein Ketchup-Tütchen auf und drückte den Inhalt über ihre Pommes frites. »Ich hätte nie gedacht, daß Spießer wie Baumgard fähig sein könnten, solche Fragen zu stellen.«

»Hm. Ja. So mies ist er gar nicht. Ich hoffe nur, ich werde in der Lage sein, für jeden das Richtige zu wünschen. Der alte Bitter war nicht gerade eine Hilfe, als ich ihn fragte.«

»Weißt du noch, was er sagte?«

»Als erstes drehte er die Frage um. Ich hatte gefragt, was ich wünschen solle, wenn ich Herr über Raum und Zeit wäre. Und Bitter erwiderte: ›Was hat Gott im Sinn, wenn er die Welt erschafft?‹ Dann sagte er noch, er fände die Welt in Ordnung, so wie sie wäre.«

»*Diese* Welt? Mit Gary-Hirnen und Krapfenbäumen?«
»Ich meine die alte Welt, so wie sie vor Harrys Wünschen war. Obwohl diese Welt wirklich die*selbe* ist; nur später in der Zeit.«
»Und was ist mit der Spiegelwelt?«
»Alle Welten sind Teil unserer Superwelt. Aber, wie Baumgard fragt, weshalb existieren diese Dinge? Warum das Was, anstatt von Nichts?«
»Es *ist* Nichts«, protestierte Sandra. »Das ist Erleuchtung: wahrnehmen, daß Nichts existiert. Und dann wieder nicht wahrnehmen.«
»Gott.« Durstig schlürfte ich den Boden meines Coca-Bechers ab. »Worüber reden wir hier eigentlich?«
Lachend nahm Sondra einen Schluck Kaffee. »Wie lange wirst du geblanst sein, Joe?«
»Er gab mir nur dreieindrittel Gramm. Als Harry hundert Gramm nahm, dauerte es zwei Stunden. Also sollte mein Trip ein Dreißigstel der Zeit dauern. Vier Minuten.«
»Viel Zeit ist das nicht...«
»Ich werd mir eine Liste machen, damit ich alle richtigen Wünsche drannehme. Meine Stimme muß ich zehn Tage zurück zu meinem Auto schicken, ich muß Gary-Hirne eliminieren, deinen Körper ändern, und Nancy will auch 'ne Menge Zeug. Dann ist da noch Baumgards Antwort, und ich will noch mehr Geld.«
»Geld? Ist das alles, was dich interessiert?«
»Nun... ich mein... das kann man wenigstens zählen. Und man muß nicht gleich entscheiden, wie man's unterbringen will. Ich werde zehn Millionen verlangen.«
»Aber, es ist doch Falschgeld, Joe. Oder?«
»Nennst du das hier Falschgeld?« Ich zog einen verkrumpelten Zwanziger aus der Tasche und schob ihn ihr über den Tisch. Wirklich makellos.
»Aber Geld muß doch irgendwo herkommen, Joe. Es heißt doch, es steht für irgend etwas, das irgendwer gemacht hat. Einen Fisch gefangen, einen Schuh genäht, eine Geschichte erzählt.«
»Nun, ich werde sagen, daß ich blaue Gluonen stahl und sie mir

in den Kopf schoß. Und daß ich für 'ne Menge Leute Wünsche erfüllte. *Ich* nenne das *etwas machen*!« In meiner Erregung hatte ich zunehmend lauter gesprochen. Alle Leute starrten uns an. Unsere Unterhaltung und unser Auftreten waren für Geneseo, Indiana, einigermaßen ungewöhnlich.

Am Tisch nebenan saßen zwei College-Kids, ein bärtiger Fettsack und ein pickliges Mädchen mit Brille. Das Mädchen starrte mich so gedankenverloren an, daß es nicht einmal merkte, wie unsere Blicke sich trafen. Es war, als würde sie fernsehen.

»Können wir auch 'n paar Wünsche äußern?« fragte der Bursche. Er lächelte, um zu zeigen, daß *er* scherzte, wenn *wir* scherzten.

»Nichts zu machen«, fuhr ich ihn an. »Hab schon alle Hände voll zu tun.«

»Sei doch nicht so«, rügte mich Sondra. »Mildtätigkeit läutert das Herz.«

Sie warf dem Bärtigen ein Lächeln zu, dessen Marylin Monroe sich nicht hätte zu schämen brauchen. Ihre Lippen, ihre Grübchen, die glitzernden Spuckebläschen. *Oh, Sondra*, dachte ich, *ich gäbe alles her, um auszusehen wie du.*

»Ich glaube«, sagte der Bart mit feuchter, nervender Stimme, »ich glaube, ich hätte gern Marihuana-Eiskrem.«

»Yeah, yeah, yeah«, gackerte seine Freundin und rutschte auf ihrem Stuhl hin und her. »Mit Kokain in der Schlagsahne.«

»Und einer LSD-Kirsche«, flüsterte der Knabe.

»Wie schön«, sagte ich und erhob mich vom Tisch. »Wie sanft.« Andere Leute drängten sich um uns. Ich war drauf und dran, die Flinte bereitzumachen und einen Midwest-Massenmord zu inszenieren. Ich mochte es einfach nicht, wenn Fremde sich über mich lustig machten und gleichzeitig ausnahmen. »Kommst du, Sondra?«

»Wenn ich soweit bin.« Sie zog einen kleinen Block hervor und leckte ihren Bleistift an. »Könnt ihr zwei mir nicht eure Adresse geben? Joe wird jedem von euch eine ganz spezielle Eismischung schicken. Nicht wahr, Joe?«

Ein paar Tische weiter saß einer von der berittenen Polizei. Er musterte uns, als hätte er die Drogenparole gehört. Wenn das

hier noch länger dauerte, würde ich ihn wohl als ersten umlegen.
»Sicher doch, Sondra. Alles, was du dir wünschst. Gebt ihr eure Adressen, Kinder.«
»Du zuerst«, sagte der Boy zu seinem Girl.
»Nein, du.«
»Du sagst es.«
»Du.«
Irgendwie ließen wir Indiana dann hinter uns.

Ich wünschte, ich hätte einen Wunsch

Der Himmel über Jersey klarte auf, und ich konnte ungehindert die Landschaft betrachten. Anders als in Pennsylvania waren die meisten Bäume und Büsche von New Jersey noch grün. Zuerst dachte ich, es wären alles Tannen, dann aber durchfuhr es mich eiskalt. Die Kotelettbüsche und Krapfenbäume hatten die Herrschaft übernommen.

»Könntest du ein bißchen niedriger fliegen, Sondra? Ich möchte gern was sehen.«

»Okay.«

Natürlich... die Bäume bogen sich unter der Last orangefarbener Früchte, und die Büsche glänzten vor fettigem Fleisch. Es sah ganz so aus, als unterminierten diese Mutanten die übrige Vegetation; wie ich mich umsah, geriet eine stattliche Ulme ins Wanken und ging krachend zu Boden. Die Krapfenbäume hatten ihre Wurzeln aufgefressen.

»Was sind das für große Pflanzen?« fragte Sondra. »Sind das etwa die Nahrungsbäume, von denen du gesprochen hast?«

»Das sind sie... Laß uns mal landen und die Bescherung aus der Nähe betrachten.«

Die Kotelettbüsche bildeten ein derartiges Dickicht, daß es uns nicht möglich war, auf dem Erdboden zu landen. Also hockten wir uns wie die Vögel auf eine Astgabel in einem an die sechzig Meter hohen Krapfenbaum. Von unten konnte man die Kotelettbüsche wachsen hören – sie erzeugten ein stetiges Rascheln. In einiger Entfernung brach eine mächtige Eiche um.

»Wie Kudzu«, sagte Sondra. »Das Rankengewächs, das Dixie ruinierte.«

»Kudzu?«
»Das ist ein japanisches Rankengewächs, das man in die Südstaaten einführte, um die Bodenerosion zu stoppen. Das gelang auch, aber schon bald überwucherte es alle anderen Pflanzen. Nicht wirklich *alle*, aber...«
»Schon gut, aber diese Dinger killen wirklich *alle* anderen Pflanzen. Sie reißen die anderen Bäume zu Boden und fressen sie auf!«
»Das Ganze scheint wirklich außer Kontrolle geraten zu sein«, sagte Sondra. »Merkst du, wie dieser Baum wächst?«
Tatsächlich hob unser Baum uns in die Höhe, wie ein Bohnensproß in Zeitlupe einen Stein hochhebt. Ich blickte durch das Blattwerk nach unten und sah einen Hirsch, der von den Ranken eines Kotelettbusches erwürgt worden war.
»Diese... diese Dinger werden den ganzen Planeten in ihre Gewalt bringen!«
»Es sieht ganz so aus, als müßtest du noch einen Wunsch auf deine Liste nehmen, Joe.«
»Oh, Gott. Nancy wird wegen ihrer Hungeridee ganz schön sauer sein. Es funktioniert aber auch nichts, wie es sollte. Begreifst du jetzt, weshalb ich nichts weiter will als Geld? Das ist der einzig sichere Wunsch.«
Wieder bestieg ich Sondra, und wir flogen erneut gen Himmel. Hier und da gab es wenige Bestände richtiger Bäume, aber der grüne Fleck der Nahrungspflanzenmutanten breitete sich stetig aus wie grüne Tinte auf Löschpapier. Ein paar vereinzelt stehende Gehöfte waren bereits überwuchert. Ich fragte mich, ob es den Bauern gelungen war zu fliehen.
In New Brunswick sah es noch genauso aus. Die Stadt war von Truppen umzingelt, in den Straßen wimmelte es von Herberiten. Wir huschten durch Harrys Schlafzimmerfenster ins Haus und eilten die Treppe hinab.
Harry saß in sich zusammengesunken am Küchentisch, sein Gesicht in einem Teller voll kandierter Süßkartoffeln. Antie hatte alle Hände voll zu tun, Harrys Jüngerschar den Zugang zum Thronzimmer zu verwehren.

»Unser Führer meditiert«, rief sie ihnen die Treppe hinab zu. »Er empfängt die Wahrheit.«
»Sieht aus, als hätte er die Wahrheit einer ganzen Flasche voll empfangen…«
»Oh, Dr. F., was bin ich froh, daß Sie wieder da sind. Dies vulgäre Pack verlangt unablässig, Harry zu sehen.«
»Am besten verpassen wir Harry erst mal 'ne kalte Dusche. Wenn ich den Blanser wieder in Gang bringen will, brauche ich seine Hilfe.«
»Haben Sie blaue Gluonen gefunden?«
»Ja«, sagte Sondra. »Und wir brauchten nicht mal wen umzubringen.«
»Da bin ich aber froh.«
Sondra und ich nahmen jeder einen Schluck Wodka, um uns die Gary-Hirne vom Leib zu halten, und dann machte ich mich ans Werk.
»Har-ry…« schmachtete ich ihm ins Ohr und goß gleichzeitig ein Glas kaltes Wasser über seinen Skalp. »Holz, Harry. Hölzerne Stimmungen, hölzerne Empfindungen.« Ich tätschelte ihn ein wenig und kniff ihm dann in die Wangen. »Dry Martinis, Harry. Kühles Bier. Brathähnchen. Nackte Weiber. Mal los, alter Fettsack, wach auf!«
Langsam hob Harry den Kopf. Sein Mund war von den Süßkartoffeln orange verschmiert. »Diese Hirnis«, sagte der Mund. »Diese Hirnis werden mich nicht noch mal erwischen.«
»Ich hab die Gluonen, Harry. Dreieindrittel Gramm.«
»Reicht für vier Minuten«, sagte er, lebhafter werdend.
»Weißt du, was du dir wünschen wirst?« Geziert tupfte er mit einem schmuddligen Taschentuch umständlich an seinem Mund herum.
»Sieht aus, als wär ich für 'nen Moment eingenickt.«
»Hier, Harry«, sagte Antie und bot ihm einen Becher süßen Kaffee an. Und während Harry den Kaffee schlürfte, schluckten Sondra und ich noch ein bißchen Wodka.
Schließlich kam unser Führer wieder auf die Beine. »Dann mal los.«

»Was ist mit deinen Jüngern?« fragte Sondra besorgt. »Die werden deine Fahne riechen und versuchen...«
»Fletch wird sie abknallen«, antwortete Harry. »Hat er Baumgard was verpaßt?«
»Ich werde niemanden töten«, protestierte ich. »Ich bin kein Killer.«
»Dann gib mir die Flinte. Geh du voran, Antie.«
Antie sagte den Jüngern, sie sollten verschwinden, einer aber rührte sich nicht von der Stelle. Es war jener breitschultrige Typ, mit dem ich gestern geredet hatte, der Spinner mit dem Kirchenschiff-Slang. Mit einemmal wurde mir klar, wo ich ihm früher begegnet war. Es war jener Chauffeur, der das erste Gary-Hirn bei uns eingeschleppt hatte!
»Siehe«, stimmte er an und schritt mit ausgebreiteten Armen auf uns zu. »Das Euterfleisch unseres Herrn wurde gemolken, um den Kropf des Vaters zu salben.«
»Hau ab«, fuhr Harry ihn an. »Oder ich werd dir deinen dämlichen Kopf vom Rumpf blasen.«
»Wie er diesen Ausdruck liebt«, flüsterte Sondra kichernd.
In dem kleinen Laden erschien der Flintenschuß doppelt so laut. Zum Glück war Harry so betrunken, daß sein Spiegelweltjünger nur ein paar Schrotkügelchen abkriegte. Der Kerl machte sich davon wie ein geprügelter Hund. Eine Menge Leute drückten die Nase an die Schaufensterscheibe, um was sehen zu können. Antie schloß die Ladentür ab.
»Wir verdrücken uns lieber nach hinten«, drängte ich und nahm Harry beim Arm. Er versuchte, die Flinte nachzuladen. Ich hielt die Gluonen in der Hand. »Komm jetzt, Harry, verfeinde dich nicht mit denen.«
»Es ist der Anti-Gary«, jammerte der kräftige Jünger vorm Haus. »Seine Milch ist sauer!« Wütendes Murren wogte durch die dichtgedrängte Menge. Die Leute, die durchs Fenster starrten, konnten sehen, daß wir keine Hirne auf unsern Rücken hatten. Harry bückte sich und versuchte, eine Patrone aufzuheben, die ihm heruntergefallen war.
»Verdammt noch mal, Harry, komm jetzt!«

Sondra und ich zerrten ihn in die Werkstatt zurück. Antie hatte bereits das Kühlaggregat der Blanskammer angeworfen.

»Okay, Fletcher«, sagte Harry. Urplötzlich war er nüchtern. »Gib mir die Gluonen und geh dort hinein. Leg dich auf den Goldschußtisch und setz die Atemmaske auf.«

Es kostete mich einige Überwindung, Harry die Flasche mit den Gluonen auszuhändigen. Es wollte mir nicht in den Kopf, daß es für mich schon soweit war, geblanst zu werden. Ich hatte nicht mal die Liste mit meinen Wünschen zusammen. Aber die Menge draußen wurde immer unruhiger. Schon hämmerte jemand gegen die Hintertür. Es würde nicht mehr lange dauern, und sie hatten sie aufgebrochen.

»Tut die Nadel sehr weh?« wollte ich wissen.

»Na? du kriegst wohl kalte Füße, was?« knurrte Harry und schaltete den Mikrowellenbehälter ein. »Hättest du's lieber, daß ich mich blansen lasse?«

»Laß Harry nicht mehr rein«, protestierte Sondra. »*Du* mußt es tun, Joe. Du bist der einzige, der seine Sinne beisammen hat.«

»Nun gut«, seufzte ich. »Aber ich wünschte, ich hätte was, das ich wirklich will. Ich wünschte, ich hätte einen Wunsch.«

»Vielleicht fällt dir noch was ein«, sagte Sondra mit tröstender Stimme. »Ich werd versuchen, dir dabei zu helfen.« Mein Gott, war sie schön!

»Antie, nimm du mal die Gluonen«, sagte Harry. »Nun, Fletch, worauf wartest du noch? Geh rein.«

Der Lärm auf der Straße war zu einem zornigen Gebrüll angeschwollen. Ich öffnete die Tür zur Blanskammer und beguckte mir den schrecklichen Todestisch. Frostflöckchen bildeten sich in der kalten Luft.

»Gibt's irgendwas für *dich*, Harry? Irgendeinen Wunsch?«

»Schaff den Leuten die Herber-Hirnis vom Hals. Für mich gab's Aufregendes genug, das langt erst mal.«

»Vergiß mich nicht«, rief Sondra. »Und denk an die Krapfenbäume.«

Lautes Getöse von der Vorderseite des Ladens. Die Menge hatte die Schaufensterscheibe eingedrückt.

»Los geht's!« sagte ich und eilte in die Blanskammer. Es war kalt und dunkel. Ich legte mich auf den Goldschußtisch und schob mir die Atemmaske übers Gesicht. Sondra schlug die Tür zu, und dann setzte jemand den Kupfermantel unter Spannung. Das elektrostatische Feld ließ mir die meisten Haare zu Berge stehen. Als meine Augen sich an die Dunkelheit gewöhnten, konnte ich ganz schwach sehen, wie sich an meinen Fingerkuppen Funken entluden.

Als nächstes kam das singende Geräusch der Gluonen, die im Mikrowellenfeld aufgingen, und dann das kreischende Schmettern der Gluonen auf dem Weg in die Wirbelspule. Lautes Geschrei drang aus der Werkstatt in die Kammer – die Herberiten. Harrys Flinte bellte. Die Stimmen zogen sich zurück.

Die Konische Spule wurde lauter, so laut, daß sie den Kampf draußen übertönte. Unter ihrem Aufkreischen erzitterte der GST. In Erwartung der langen Nadel, die sich jeden Augenblick in meinen Schädel senken würde, versteifte ich mich.

Ein heftiges, trockenes Geräusch. Ein höllischer Schmerz in den Ohren, die Kammer ein Vakuum, das kurze Knirschen einer Nadel in Knochenmaterial. Ich versuchte, einen Schrei zu unterdrücken.

Jetzt war der Plancksche Saft in meinem Gehirn, ich konnte seine weiße Hitze spüren. Mein ganzer Körper fühlte sich prickelnd und weich an. Ich war ein reines, leuchtendes Hologramm aus purem Licht.

Die Nadel zog sich wieder heraus. Ich setzte mich hin. Kopien meiner selbst schwirrten nach allen Seiten davon wie Seifenblasen. Ich konnte außerordentlich gut sehen und fühlte keine Notwendigkeit zu atmen. Ein ganzer Schwarm winziger Fletchers um mich herum. Meine kleinen Echos, Korrekturterme zum Blansprozeß. Dies war gut. Dies war so gut...

Ich wünschte mich aus der Kammer heraus, und schon stand ich in der Werkstatt. Ein erbarmungsloser Kampf war entbrannt. Fünf Herberiten waren eingedrungen. Den kräftigen Burschen aus der Spiegelwelt hatte Harry mit seiner Flinte umgelegt, aber genau in diesem Augenblick hatte einer der anderen mit einer

Machete Harrys Kehle aufgeschlitzt! Blutüberströmt lag Harry am Boden!
Als Sondra mich sah, fing sie an, um Hilfe zu schreien, während die Herberiten mit der Machete auf mich losgingen und…
Ich wünsche, daß außer mir alles aufhört sich zu bewegen. Der ganze Trick, mit dem man die Welt in ihrer Bewegung anhalten kann, besteht im Grund genommen darin, die eigene Zeitachse im rechten Winkel zu der aller anderen zu drehen. Für den Herrn über Raum und Zeit eine Kleinigkeit…
Um mich herum wurde es still. Die kämpfenden Figuren stellten Szenen wie in jedem beliebigen Wachsfigurenkabinett dar.
Ich möchte eine Digitalanzeige der mir verbleibenden Zeit. Schon erschienen purpurrote Zahlen in meinem Gesichtsfeld: **3:50**. Erst zehn Sekunden waren vergangen. Gut. Was jetzt? Zuerst mal Harry ins Leben zurück – er hatte für Antie das gleiche getan.
Ich blickte hinüber zu Harry – aber das stimmte nicht ganz. Ich konnte in alle Richtungen auf einmal blicken, immerzu. Wenn ich sage, »Ich blickte hinüber zu Harry«, meine ich eigentlich, daß ich ihm einen Teil meiner Aufmerksamkeit zuwandte. Ein paar hundert meiner kleinen Fletchers flogen zu ihm hin, um meinen Wunsch zu übertragen. Ich heilte seine Wunde, und als nachträgliche Eingebung nahm ich ihm noch seine Kopfschmerzen ab. So, und jetzt war es an der Zeit, mit der eigentlichen Arbeit zu beginnen. Zu dumm, daß ich mich nur halb vorbereitet da hineinstürzen mußte.
3:42.
Ich wünschte, ich hätte meine Wunschliste.
1. *Stimme zurückschicken*
2. *Sondras Körper*
3. *Die Gary-Hirne*
4. *Zehn Millionen Dollar*
5. *Plaza-Penthouse*
6. *Fähigkeit zu fliegen für Nancy*
7. *Kotelettbüsche und Krapfenbäume*
8. *Indiana*

9. *Baumgard*
10. *Wie der Blanser funktioniert. Harry erzählen.*

Die in meiner eigenen Handschrift abgefaßte Liste schien komplett. Ich steckte sie in meine Hemdtasche und machte mich an die Arbeit.

Wie bereits erwähnt, konnte ich in alle Richtungen auf einmal sehen. Mehr noch, ich konnte auch durch Gegenstände hindurchblicken. Beim gewöhnlichen Sehen kombiniert man verschiedene zweidimensionale Netzhauteindrücke, um ein dreidimensionales geistiges Abbild zu erzeugen. Da ich jetzt aber Herr über Raum und Zeit war, war die ganze Welt um mich herum irgendwie in meinem Kopf enthalten. Ich konnte alles sehen... was alle Leute machten.

Das war aber noch nicht alles. Mit nur geringfügiger Anstrengung war es mir möglich, nicht nur die gegenwärtige Welt, sondern auch die Welten der Vergangenheit zu sehen. Normalerweise ist ein solches Einströmen von Information schwindelerregend, aber ich fühlte mich wohl wie ein Fisch im Wasser. Es machte nicht die geringste Mühe, meine ganze Aufmerksamkeit auf meinen Buick auf dem Softech-Parkplatz vor zehn Tagen zu konzentrieren. Ich konnte die kleinen Abbilder der Harrys auf dem Armaturenbrett sehen, und ich war Zeuge, wie er mein vergangenes Selbst in eine doppelt unendliche Regression verzerrte. Als mein vergangenes Selbst das Radio einschaltete, bedurfte es lediglich einer gehauchten Willensanstrengung, die Schaltkreise meinen Part sagen zu lassen. Ich brauchte nicht mal meinen Körper zurückzuschicken, wie Harry es getan hatte. Es genügte, meinen Willen zu schicken.

»Die roten Gluonen funktionieren nur einmal«, informierte mich mein vergangenes Selbst. **»Nimm beim zweiten Mal blaue Gluonen.«**

Noch ein wenig mehr Geplauder, und meine erste Aufgabe war erledigt. Sondras Körper kam als nächstes auf der Liste. Indem ich einen Teil meiner Aufmerksamkeit auf die Vergangenheit gerichtet hielt, konnte ich ihren ursprünglichen Körper als Modell benutzen. Ich verwandelte ihr Haar zurück zu einem verfilzten Braun, ebnete ihre stolzen Brusthügel, setzte hier etwas zu, nahm da etwas weg. Zweite Aufgabe abgehakt.

3:10.

Und jetzt die Gary-Hirne. Die kleinen Fletchers kamen mir dabei sehr gelegen. Ich tat es einfach Harry gleich, indem ich meine kleinen Echomännchen in die Welt um mich herum aussandte, um jedes einzelne Gary-Hirn ausfindig zu machen und zu zerstückeln. Als eine zusätzliche Vorsichtsmaßnahme teleportierte ich die fünf Herberiten aus Harrys Werkstatt hinaus auf die Straße. Ich wollte vermeiden, daß sie bloß aus Schwung heraus, in dem sie sich befanden, angriffen, wenn ich ihren Zeitstrom wieder betrat. Meine kleinen Helfer kamen zurückgeflogen – alle Außerirdischen waren vernichtet.

2:50.

Das Plaza-Penthouse war der bis jetzt schwierigste Wunsch. Als erstes mußte ich Nancy ausfindig machen und von ihrem geistigen Auge ablesen, wie sie sich die Einrichtung vorstellte. Blitzschnell suchte ich ganz Manhattan ab, bis ich sie fand. Sie saß – ich war höchst überrascht – in einer Gefängniszelle! Man hatte sie im Fernsehstudio verhaftet. Ich schickte den daumengroßen Fletcher, um sie zu trösten und in ihre Gedanken zu schauen. Sobald ich erst einmal sah, was sie wollte, rief ich das Penthouse per Willenskraft ins Leben – komplett mit Einrichtung und allem Drum und Dran. Obendrein mußte ich die dazugehörigen Papiere fälschen: Besitztitel, Urkunden, Steuerunterlagen. Und zwar nicht nur schaffen, sondern sie auch in die entsprechenden Aktenschränke einordnen. Als das alles erledigt war, befreite ich Nancy aus dem Gefängnis und verfrachtete sie in unser neues Heim. Und als letzte Feinheit klatschte ich zehntausend Tausenddollarnoten vor sie hin. Huiii!

1:45.

Dafür hatte ich über eine Minute verschwendet! Was gab's sonst noch zu wünschen? Panik stieg in mir auf. Ich zog meine Liste hervor. Fünf Punkte erledigt, fünf weitere noch offen. Als nächstes war *Fähigkeit zu fliegen für Nancy* dran.

Wie Harry es angestellt hatte, Sondra die Fähigkeit zu fliegen zu verleihen, war mir nicht recht klar. Ich erinnerte mich, wie er gesagt hatte, daß er's fertiggebracht hatte, indem er ihre Atome aus »Null-Materie in Einstein-Podolsky-Rosen-Synchronizität mit allem, was ihr durch den Kopf geht« gebracht hatte – was immer das bedeuten mochte. Anstatt zu versuchen, das mit gedanklicher Anstrengung herauszufinden, warf ich einfach einen Blick in die Zeit zurück und kopierte Harrys Gedankengänge, die zu Sondras Verwandlung geführt hatten. Und indem ich das sonderbare Gerbersche Gedankenmuster ruhig festhielt, übertrug ich es auf Nancys Körper. Das war's.

Jetzt die Nahrungsmittelpflanzen.

Wieder kamen mir meine kleinen Echomännchen sehr gelegen. Ich schickte die unzählbare Schar auf die Reise, um den Planeten nach Kotelettbüschen und Krapfenbäumen abzusuchen. Das kostete schon einige Mühe, da Nancy die Samen weitherum verschickt hatte. Deshalb war sie offensichtlich auch verhaftet worden: wegen einer Vielzahl von Verstößen gegen die Zollbestimmungen. Nun gut, während meine Echomännchen alle Schäden bereinigten, die die Pflanzen verursacht hatten, suchte und vernichtete ich alle Dokumente, die ihren Fall betrafen. Was als nächstes?

Indiana. Mal allen Ernstes... diese dämlichen Kids konnten mir mal... Ich hielt in meinen Gedanken inne. Es schickt sich für einen Gott, gütig zu sein. Ich machte sie ausfindig und drückte jedem von ihnen den gewünschten Drogenkonfekt ins dämliche Gesicht.

Baumgard. Das war nun wirklich eine harte Nuß. Ich verfügte zwar über ungeheure Möglichkeiten, mehr als jemals zuvor, viel klüger war ich deshalb aber nicht. Was wollte er wieder wissen? *Weshalb existieren Dinge?*

1:25.

In der Hoffnung, ein Buch zu finden, das über das von Baumgard gewünschte Wissen Auskunft gab, versuchte ich einen Blick in die Zukunft zu werfen. Aber die Zukunft war für mich nicht zugänglich. Soweit ich das einschätzen konnte, existierte sie nicht

einmal richtig. Der Versuch, in die Zukunft zu blicken, war vergleichbar mit einem Blick auf die Kinoanzeigen in der Zeitung. Viele, viele Filme, aber wie sollte man sicher sein, daß man den richtigen auswählte? *Warum existieren Dinge?*
Anstatt nach vorn zu blicken, versuchte ich zurückzublicken, weit zurückzublicken. Da gab es Dinosaurier – ich suchte und suchte, bis ich ein paar kleine Säugetiere, unsere Vorfahren, fand. Noch weiter zurück, die unermeßlichen unbewohnten Meere – ich brachte ein paar Moleküle zueinander zu einer Doppelhelix. Und noch weiter zurück. Riesige kugelrunde Gebilde aus Staub, die sich langsam zu Planeten und Sternen verdichteten. Ich stieß sie leicht an, damit die Klumpen besser sichtbar wurden. Aber ich mußte noch viel, viel weiter zurückblicken, bis zum Anfang!
Unter der enormen Anstrengung begann mein Gesichtsfeld zu zittern. Aber ich blieb dran – zurück, zurück, zurück durch all die Millionen Jahre... Fast angelangt... Von Strahlung erfüllter Raum, völlig symmetrisch. *Die Symmetrie muß aufgebrochen werden*, dachte ich und ließ es geschehen. Weiter... mit Energie gefüllter Raum. So klein, so groß. Weiter! Wo kam alles her? *Weshalb existieren Dinge?* Irgendwer mußte ihm seinen Platz zuweisen. Aber wer? Ich konzentrierte meine ganze Energie auf den allerersten Augenblick unseres Universums. Ich bezog Kraft und Stärke aus allem Raum, aller Zeit um mich her und leitete die rohe Existenz zurück zu... Laß unser Universum seinen Anfang nehmen...
Weshalb existieren Dinge? *Weil ich das Universum geschaffen habe.* Baumgard würde diese Antwort gar nicht schmecken.
0:38.
Es gab noch einen zehnten Punkt auf der Liste: *Wie der Blanser funktioniert. Harry erzählen.* Ich konnte mich nicht erinnern, einen solchen Wunsch geäußert zu haben. Aber lieber tat ich's jetzt. Ich hatte ja noch Zeit.
Ich starrte den Blanser neben mir an und ließ mich mit der Essenz seiner Funktionsweise verschmelzen. Dann huschte ich in der Zeit zurück, um den Vorgang zu spüren, als er mich blanste,

und davor Harry. Und dann verstand ich es, ich verstand es bis ins letzte Detail. Aber es war mir nicht möglich, dieses Verstehen in Worte zu fassen.
Mit einem Teil meiner selbst noch in der Vergangenheit, streckte ich meine Fühler nach dem wieder zum Leben erweckten Harry aus, der neben mir am Boden lag, und las die physikalische Terminologie von seinen Gehirnwindungen ab. Jetzt hatte ich's! Jetzt wußte ich, wie der Blanser funktionierte.
Doch da war noch dieser kleine Zusatz zum zehnten Wunsch. *Harry erzählen*. Warum sollte ich's, wenn er's bereits wußte? Die Antwort traf mich wie eine Tonne Backsteine. Harry hatte nicht immer gewußt, wie man einen Blanser baute. Als ich ihn an diesem Samstag fragte, wie er sich die Sache vorstellte, hatte er mir geantwortet, er hätte die Idee in einem Traum gehabt – einem Traum, den er die Nacht zuvor geträumt hatte.
Also machte ich mich auf zur Nacht des Freitag, 21. September. Und wie ich's bisher getan hatte, schickte ich nicht meinen *ganzen* Körper, sondern nur mein Bewußtsein. Harrys Regel, man müsse seinen Körper zurück und eine Eidechse nach vorn schikken, war einfach zu umgehen. Mein Wille konnte in der Zeit zurückreisen und alles tun, was getan werden mußte.
Mein immaterielles Auge fand Harry friedlich schlummernd in seinem Doppelbett. Die gute alte Sondra neben ihm, eng an die sanfte Kurve seines wulstigen Rückens geschmiegt. Ich war am richtigen Ort, wie aber sollte ich in Harrys Traum eintauchen?
Ganz einfach. Ich stieg in seine Gedanken ein wie zuvor, aber diesmal unternahm ich mehr, als nur seine Gedanken zu betrachten. Ich änderte sie. Ich errichtete eine Rückkoppelung zwischen seinen und meinen Gedanken und hatte das Gefühl, geradewegs in seinen Traum gestiegen zu sein.
Harry sitzt im Traum mit einem wunderschönen Mädchen an einem Fluß. Es ist seine Seele, eine Projektion unterbewußter Güte. Ein Picknickkorb steht neben ihnen, und sie werfen alle Essenssachen in den Fluß. Eine Ente verzehrt die Nahrungsmittel – eine merkwürdige Ente, die auf der Wasseroberfläche umherspaziert.

»Harry«, sag ich und tippe ihm leicht auf die Schulter.
Er gibt einen heiseren Überraschungsschrei von sich, und die Seele verschwindet. »Was machst du denn hier, Fletcher?«
»Ich hab nur wenige Sekunden Zeit. Ich bin gekommen, um dir zu sagen, wie man den Blanser baut.«
Die Ente und der Fluß sind jetzt ebenfalls verschwunden. Immer noch im Traum sitzen Harry und ich uns an einem langen Tisch gegenüber. In Nullkommanichts fasse ich mein ganzes Wissen über den Blanser zusammen und kodiere es in Harrys Hirn...

0:10

Ich wischte zurück zu meinem Körper in Harrys Werkstatt. Ich versuchte, all das zu begreifen, was ich in dieser kurzen Zeit vollbracht hatte, aber im Augenblick war das wirklich viel zu viel. Rasch schob ich meine Zeitlinie auf parallelen Kurs mit der der Welt, und die Leute, die mit mir in der Werkstatt waren, begannen sich wieder zu regen.

0:09.

Mit unsicheren Fingern befühlte Harry seine Kehle, setzte sich dann auf und grinste mich an. »Danke, Fletch. Das war genau, was ich brauchte.«

0:08.

»Oh, Joe!«, rief Sondra aus und blickte an ihrem flachen Leib herab. »Einfach perfekt!«

0:07.

Wie ich Sondra so dastehen sehe, schlicht und gewöhnlich, störte es mich. Ich konnte sie immer noch in der Vergangenheit sehen, und ein letztes Mal ließ ich meine Augen ihren damaligen Anblick genießen.

0:06.

Gleichzeitig überflog ich meine Liste ein weiteres Mal, um sicherzugehen, daß ich nichts vergessen hatte. Ich hatte das Gefühl... da war doch noch ein Wunsch...

0:05.

Sondra und Harry realisierten nicht, daß ich ihre Zeit vier Minuten lang verlassen hatte. Sie waren im guten Glauben, ich würde jetzt erst anfangen. Das konnte ich von ihren Gedanken ablesen.

0:04.

»Hast du tief im Innern nicht irgendwelche verborgenen Sehnsüchte, Wünsche, die du erfüllt haben möchtest?« fragte Sondra.

0:03.

Plötzlich fiel mir ein, welches mein wahrer, mein innerster Wunsch war.

0:02.

»Ich wünsche mir, eine wunderschöne Frau zu sein!« rief ich aus. **»Ich will so aussehen, wie Sondra aussah.«**

0:01.

Die Zeitansage fiel aus dem Bild. Mein Gesichtsfeld verengte sich wieder zur üblichen Dimension. Irgendwas hing mir vor meinem Auge. Ich griff zu.
Es waren lange blonde Locken.

Männer sind auch nur Menschen

»Was für ein Perverser!« rief Harry noch einmal aus. »Ich kann's nicht fassen.«

Ich ignorierte ihn und fuhr fort, meinen neuen Körper in Augenschein zu nehmen; ich hatte immer noch dieselben Klamotten am Leibe. »Wenn's dir nichts ausmacht, Harry, würd ich mal eben gern im Bad verschwinden.«

»*Das* kann ich mir vorstellen... Darf ich zusehn?«

»Schlag dir das aus dem Kopf. Ich bin glücklich verheiratet.«

»Weißt du, wo wir Nancy erreichen können?« fragte Sondra.

»Nancy ist in einem Penthouse auf dem Plaza Hotel. Ruf die Auskunft an, es ist ein neuer Anschluß. Oder wart noch einen Augenblick, ich kann sie auch selbst anrufen.«

Ich verließ die Werkstatt und ging nach oben. Das Bad befand sich gleich neben Harrys Schlafzimmer. Ich war wirklich scharf darauf, mal ganz allein mit mir zu sein, hatte ich doch erhebliche Mühe zu begreifen, was ich da angestellt hatte.

Als ich am Schlafzimmerfenster vorbeikam, warf ich einen Blick hinaus, um zu sehen, was diese Idioten da draußen machten. Die meisten von ihnen waren immer noch halbnackt, aber die Gary-Hirne waren sie los. Auf ihre eigenen armseligen geistigen Gaben zurückgeworfen, wußten diese elenden Eiferer sichtlich nicht gerade viel mit sich anzufangen.

Ich verriegelte die Badezimmertür hinter mir und zog mich splitternackt aus. Ein Alptraum, ein wahrgewordener Wunsch. Ich war eine Frau so schön wie Marilyn Monroe. Ich drückte meine Hände zwischen meine Beine. Meine enormen Brüste wippten hierhin, dorthin; hüpften mit jeder Bewegung mit.

Meine Hüften und mein Hinterteil ragten heraus wie Bücherborde.
Ich war entsetzt, gleichzeitig aber auch aufs äußerste fasziniert. Was mein Bewußtsein auch immer bedauern mochte, mein Unterbewußtsein befand sich im Zustand höchster Erregung. Ich ging unter die Dusche und seifte mich von oben bis unten ein, und machte mich mit meinem neuen Körper vertraut.
Als ich mich anschließend abtrocknete, klopfte es an der Tür.
»Wer ist da?« Welch angenehme, melodische Stimme ich hatte!
»Ich bin's, Sondra. Möchtest du eines von meinen Kleidern?«
»Ja, bitte. Kann ich das bonbonfarbene haben? Und einen BH und Strümpfe.«
»Schließ mal auf.«
»Okay.«
Ich verhüllte meine Blöße mit einem Badetuch, während Sondra mir die gewünschten Kleidungsstücke bereitlegte. Sie paßten wie angegossen. Und dann zeigte sie mir wie eine ältere Schwester, wie man Lippenstift und Lidschatten auflegt.
Mein neues Gesicht sah nicht *ganz* so aus, wie Sondras Gesicht gewesen war. Irgendwie erinnerte es immer noch leicht an das von Fletcher.
»Hast du nicht auch 'n Paar hochhackige Schuhe?« fragte ich und kämmte mein langes Haar. »Wenn schon, dann richtig. Und dann vielleicht noch 'n Handtäschchen mit etwas Kohle drin?«
»Joe...«
»Nenn mich JoJo.«
»JoJo, was willst du jetzt tun?«
»Den Zug nach New York nehmen. Ich will mir unser neues Penthouse mal ansehn.«
»Nancy hat schon angerufen, JoJo. Sie ist ganz schön aus der Fassung...«
»Sie wird sich schon freuen, wenn sie mich sieht.«
»Ich wär da nicht so sicher.«
Kurze Zeit später verließ ich Harrys Werkstatt – so wie ich jetzt aussah, war's mir peinlich, ein Gespräch mit ihm zu versuchen –, und machte mich auf den Weg zum Bahnhof. Nach Beendigung

der Invasion hoffte ich, daß die Reisezüge nach New York wieder in New Brunswick halten würden.
Mit den hohen Absätzen meiner knallroten Schuhe hatte ich schon etliche Mühe, aber wenn ich langsam ging und ordentlich die Hüften schwenkte, war's gar nicht so schwer. Die freiwilligen Herberiten schienen ganz schön von der Rolle gefallen. Die meisten zottelten zurück zu den Parkplätzen am Stadtrand. Die Männer starrten mich natürlich alle an. Ich achtete darauf, keinem in die Augen zu sehen, was mir rasch auf die Nerven ging – immerzu die Dächer oder die Fußwege angucken zu müssen –, aber eins war gewiß, ich wollte um jeden Preis vermeiden, daß irgendein häßlicher, stoppliger Typ mich anquatschte.
Das verlangt wahrscheinlich ein paar erklärende Worte. Eigentlich würde man denken, daß jeder Mann, der wie eine Frau aussehen möchte, im Grund genommen homosexuell ist. Dies aber schien – zumindest bisher und äußerlich – auf mich durchaus nicht zuzutreffen.
Mein Wunsch, so auszusehen wie die blonde Sondra, war wirklich nur ein heterosexueller Impuls: das heftige Verlangen nach dem höchsten Verschmelzen mit dem Objekt der Begierde. Was aber würde ich jetzt tun? Meine ganze Zeit vor Spiegeln und unter der Dusche verbringen? Nach und nach kam mir zu Bewußtsein, was ich mir da zugemutet hatte.
Auf dem Bahnsteig wartete eine nicht unbeträchtliche Menschenmenge, zumeist ganz stinknormale Bürger, die froh waren, keine Paras mehr auf dem Rücken zu haben. Der Bahnhofsvorsteher versicherte mir, daß in zwanzig Minuten ein Zug nach New York hier halten würde. Ich setzte mich auf eine Bank außerhalb des Wartesaals.
»Guten Tag«, sagte ein Mann und ließ sich neben mir nieder. Er war gepflegt gekleidet und machte einen höflichen Eindruck. »Ich kann Ihnen gar nicht sagen, wie froh ich bin, daß diese nackten Gehirne nicht mehr da sind.«
»Ich auch«, sagte ich. »Ich hoffe, die Dinge werden sich jetzt wieder normalisieren. Die Mutantenpflanzen gibt's auch nicht mehr, wie's scheint.«

»Ja, das stimmt. Fletcher und Gerber... na, die zwei werden ganz schön was hinter die Löffel kriegen.«

»Oh... äh...« Ich versuchte, meine Verwirrung zu verbergen. Daran hatte ich überhaupt nicht gedacht. Solange die Gary-Gehirne New Brunswick kontrolliert hatten, war Harry vor dem Zugriff der Behörden sicher gewesen. Aber jetzt...

»Möchten Sie eine Zigarette?« Er zog ein Päckchen Menthol-Zigaretten aus der Tasche und bot mir eine an.

»Ja, danke«, sagte ich, nahm die Zigarette und ließ mir Feuer geben. Seine Finger streiften meine Hand.

»Mein Name ist Brad. Ich bin Börsenmakler in New York.«

»Ich heiße Jo-Jo. I-ich beginne gerade ein neues Leben.«

»Sie sind *nicht* verheiratet?«

»Nein, aber...«

»Ich bin überrascht, daß jemand so prächtig Aussehendes nicht verheiratet ist. Sind Sie Fotomodell?« Brad lächelte mich an, seine Blicke tasteten meine üppigen Kurven ab. »Ich mag Ihr Kleid.«

»Oh... ähm, ich war in der Computerbranche tätig.« Ich wurde zunehmend nervös.

»Sogar mit Köpfchen!« grinste Brad und versetzte sich mit gespieltem Erstaunen einen Klaps ins Gesicht. »Hören Sie zu, JoJo, ich weiß, es kommt ein wenig überraschend, aber ich werde mein Büro so gegen fünf verlassen, und wenn Sie Lust hätten, mit mir essen zu...«

»Nein, nein!« piepste ich. »Das ist leider überhaupt nicht möglich.«

»Dann vielleicht morgen?«

Ein wenig Zigarettenrauch kam mir in die falsche Röhre, und ich kriegte einen Hustenanfall.

Brad sah mir geduldig lächelnd zu. Was ihn betraf, war alles, was ich tat, einfach betörend. »Soll ich Ihnen ein Glas Wasser holen, JoJo? Oder eine Coca?«

»Danke, nein. Ich fürchte, ich...« Ich beruhigte mich und lächelte ihm zu. »Ich muß jetzt gehn.«

»Nun, dann vielleicht ein andermal. Ich werde nach Ihnen Ausschau halten.«

Mit einemmal fühlte ich mich äußerst unsicher auf meinen Pfennigabsätzen. Wie auf Eiern ging ich in den Wartesaal. Inzwischen war es halb vier. Noch zehn Minuten bis zu meinem Zug. Ich begab mich zur Damentoilette und verschloß die Tür.
Wie sich herausstellte, war der Zug voller Soldaten. Sie waren hierher beordert worden, dafür zu sorgen, daß New Brunswick wirklich sicher war. Als ich ihnen beim Aussteigen zuguckte, wurde mir klar, daß eine ihrer ersten Aufgaben darin bestehen würde, die Nummer 501 Suydham Street, das Zuhause des verrückten Wissenschaftlers Harry Gerber, auf den Kopf zu stellen. Für den Augenblick war ich heilfroh, nicht wie Joe Fletcher auszusehen.
Zum Glück stieg mein Bewunderer nicht in denselben Wagen wie ich. Ich ließ mich neben einer hübschen Brünetten mit auffallend großer Brille in die Polster sinken. Ihre Kleidung war irgendwie ein wenig in Unordnung geraten.
»Ist's nicht wunderbar, endlich New Brunswick verlassen zu können?« sprach sie mich an. »Mir ist, als wäre diese letzte Woche ein einziger langer Alptraum gewesen.«
»Wohnen Sie hier?« fragte ich in Erwartung eines angenehmen Gesprächs von Frau zu Frau.
»Nein, ich habe meinen Freund besucht. Er studiert am Rutgers College. Meine Zimmergenossinnen werden denken, man hätte mich umgebracht!«
»Ja, ja«, sagte ich. »Es war einfach *schreck*lich. Haben die... die außerirdischen Wesen Sie gezwungen, irgend etwas Unanständiges...«
»Daran will ich lieber gar nicht denken«, rief die Brünette aus. »Furchtbar! Und diese ganzen Rotnacken, die da herumliefen. So bald wie möglich werde ich meinen Arzt aufsuchen. Ich wette, hinter Ihnen waren sie auch ganz schön her... bei der Figur und dem blonden Haar.«
»Das kann man wohl sagen«, schwindelte ich. »Gary Herber zwang mich, abends auf die Straße zu gehen. Und die scheußlichen Hirne, die überall herumkrochen, und jeder grapschte den anderen an...«

»Männer sind so schrecklich«, sagte die Frau neben mir, den Tränen nahe. »Und die Hirne waren wie Männer, wie sie sich an uns kletten und uns zu benutzen suchen. Sogar mein Tommy ist so, ein bißchen wenigstens.«
»Männer sind auch nur Menschen«, protestierte ich. »Wie wir Frauen wollen sie nichts anderes, als glücklich sein.«
»Mach dir doch nichts vor, Schwester.« Die Stimme meiner Reisegefährtin nahm einen schneidenden Klang an. »Männer und Frauen wollen absolut *nicht* dasselbe. Wann hat dir ein Mann das letzte Mal etwas wirklich Romantisches gesagt... ohne in derselben Nacht eine Gegenleistung zu verlangen?«
»Du darfst die Gene nicht außer acht lassen«, gab ich zur Antwort. Irgendwo hatte ich mal so eine Theorie aufgeschnappt. »Was jeder im Grund genommen will, ist, seine oder ihre Gene fortbestehen zu lassen. Die beste Strategie für Männer besteht darin, möglichst viele Kinder mit möglichst vielen verschiedenen Frauen zu haben. Und die beste Strategie für Frauen ist, Kinder zu kriegen und darauf zu achten, daß sie den Vater um sich haben, der für alle sorgt.«
»Ha!« fauchte die Frau neben mir mich an. »Das müssen Männer gewesen sein, die dir das aufgetischt haben. *Alles, was jemand will, ist, seine Gene fortbestehen zu lassen.* Mein Gott, ist das ein Schwachsinn.«
»Nun ja«, sagte ich nach einer Pause. »Vermutlich hast du recht.«
An der Penn Station nahm ich ein Taxi. »Zum Plaza Hotel«, informierte ich den Fahrer.
»Wird gemacht, junges Fräulein.«
Ich lehnte mich zurück und betrachtete, wie die Gebäude an uns vorüberglitten. Menschen, Menschen, Menschen. Und alle haben ihre Gedanken, alle leben so bewußt wie ich. Als ich noch ein kleiner Junge war, dachte ich von den Erwachsenen stets so, als gehörten sie einer anderen Rasse an, als wären sie große Fleischroboter. Später, als ich etwas über zwanzig war, hatte mir mein Vater mal was ganz Komisches gesagt. Wir waren beim Golfen und hatten vor uns eine Vierergruppe

von Geschäftsleuten in buntkarierten Hosen und Schirmmützen.

»Schau sie dir an«, hatte mein Vater gesagt. »Die sehen doch wirklich so aus, als wüßten sie, was sie tun. Ich habe immer gedacht, eines Tages wäre ich einer wie sie. Ich habe immer gedacht, ich würde mal erwachsen sein. Aber ich bin es nicht. Ich fühle mich immer noch nicht anders. Jetzt bin ich sechzig und ich weiß immer noch nicht, was ich eigentlich mache.«

Im Lauf der Jahre war ich dahintergekommen, was mein Vater damit gemeint hatte. Obwohl ich inzwischen selbst fast vierzig war, fühlte ich mich immer noch nicht wie ein Erwachsener. Ich fühlte mich nicht viel anders als in meinen High-School-Tagen.

Und jetzt im Taxi dachte ich darüber nach, daß so was für Männer und Frauen gleichermaßen galt. Als Mann hatte ich Frauen stets so aufgefaßt, als wären sie keine gleichwertigen Menschen. Natürlich hatte ich das nie so grob ausgedrückt, aber dieses Gefühl war immer gegenwärtig gewesen. Und jetzt? Jetzt saß ich selber hier mit den Titten und dem Arsch und dem ganzen Make-up… und war trotzdem ein Mensch. Die Frau im Zug… so wie mit ihr hatte ich niemals im Leben mit einer Frau gesprochen, ohne ein Sexspiel irgendwo im Hinterkopf. Wie sie mir ganz unbewußt von ihrem Freund und ihren Zimmergenossinnen erzählt hatte, wurde mir etwas klar, was sich bislang immer nur in unzusammenhängenden Stücken offenbart hatte.

Jedermann ist ein Mensch, der versucht, glücklich zu sein. Jedermann ist wirklich am Leben.

Welch befreiendes Gefühl, dies zu wissen! Welch eine Last!

Aber aus Detroit!

»Erwartest du von mir, daß ich mit dir ins Bett geh?«
»Nun klar. Ich würd's lieber mit dir als mit irgendwem sonst tun.«
»So wie mir jetzt zumute ist, Joe, würde ich's lieber mit jedem anderen, nur nicht mit *dir* treiben! Wie konntest du mir das nur antun?« Nancy ging in unserem enorm großen Wohnzimmer auf und ab. Draußen vor den riesigen Flügeltüren erstreckte sich das Häusermeer Manhattans. »Wir hätten so glücklich sein können.« Tränen stiegen ihr in die Augen.
»Komm, Nancy. Komm, setz dich zu mir auf die Couch.«
»Nein. Und die Krapfenbäume hast du ebenfalls zerstört.«
»Die wurden zu gefährlich. Und du weißt das. Deshalb bist du überhaupt verhaftet worden: wegen des Verteilens gefährlicher, staatlich nicht genehmigter Samenkerne.«
»Dann wird man mich sicherlich weiter verhören wollen...«
»Das glaub ich nicht. Was die Schäden angeht, so hab ich alles wieder ins Lot gebracht, und die Akten, die deinen Fall betreffen, hab ich ebenfalls vernichtet. Ohne Akten, ohne Krapfenbäume oder Kotelettbüsche seh ich nicht, wie...«
Irgendwer pochte an die Tür. Die Polizei. Zwei Mann stark.
»Hallo, meine Damen«, sagte der ältere der beiden. Er hatte weiße Haare und ein wettergebräuntes Gesicht. »Sind wir hier richtig? bei Joe Fletcher?«
»Ja«, sagte Nancy. »Aber...«
»Er ist nicht zu Hause«, fiel ich ihr ins Wort, stand von der Couch auf und schlängelte mich hüftschwenkend zu den Bullen hinüber.

»Macht's Ihnen was aus, wenn wir uns mal 'n wenig umsehn?« fragte der Ältere und musterte mich mit anerkennendem Blick. »Wir haben nämlich 'nen Haftbefehl für Mr. Fletcher, wissen Sie?«
»Aber treten Sie doch bitte näher«, gurrte ich. Nancy blickte angewidert drein. Ich zwinkerte ihr zu und setzte mich wieder auf die Couch. Ich war viel zu müde, um länger auf den Beinen stehen zu können.
Die Bullen zogen schon bald wieder ab, und Nancy setzte sich schließlich doch noch neben mich auf die Couch. Die Sonne ging unter. Ich wünschte, wir könnten zu Bett gehen, wußte aber, es war besser, nicht davon zu reden. Wir nahmen uns bei der Hand und das Schweigen nahm zu.
»Ich hätte dich für tot erklären können«, sagte Nancy nach einer Weile. »Und mich wiederverheiraten.«
»Das kannst du nicht«, erwiderte ich kurz angebunden und ließ ihre Hand los. »Joseph Fletcher mag wohl vermißt sein, aber ohne Leiche ist er dem Gesetz nach nicht gestorben.«
»Serena braucht einen Vater.«
»Wo ist Serena überhaupt?«
»Bei Sybil Bitter.«
»Der Frau von Alwin Bitter?«
»Genau da. Bevor ich nach New York ging, fuhr ich erst nach Princeton. Mein Fernsehinterview war wirklich aufregend, Joe, du hättest es sehen sollen.« Seit es um uns immer dunkler wurde, fiel es Nancy leichter, sich mit mir zu unterhalten. »Man nahm mich mitten in der Brad Nena-Show fest. Ich war den ganzen Tag im Gefängnis, und dann sah ich auf einmal diesen daumengroßen kleinen Mann, der so aussah wie du.«
»Das war ich, schon gut. Eine Resonanz von mir.«
»Und dann war ich auf einmal in diesem wunderschönen Penthouse. Ich hab's mir noch gar nicht richtig angeschaut. Und ich kann fliegen, Joe. Ich habe's nur ein bißchen versucht, aber...«
»Hättest du Lust, mich ein wenig durch die Gegend zu fliegen? Es ist dunkel und kein Mensch wird uns sehen. Wir könnten ja mal zum World Center fliegen und zurück.«

»Aber du kannst doch gar nicht fliegen, Joe, oder doch?«
»Ich kann rittlings auf deinem Rücken sitzen. Mit Sondra hab ich's auch so gemacht.«
»Gut... aber erst ziehst du dieses alberne Kleid aus!«
Im Schlafzimmer stand ein Schrank, der aussah, als wären da meine Klamotten drin. Die oberste Schublade war vollgestopft mit Geld – Nancy hatte unser ganzes Geld darin aufgehoben. In den anderen Schubladen lagen die Sachen von Joseph Fletcher. Ich wählte ein Paar Cordhosen und ein Flanellhemd. Auf dem Weg ins Bad entdeckte ich eine Schere. Ich nahm sie und schnitt meine blonden Locken ab. Dann versuchte ich, mit einem Waschlappen die ganze Schminke vom Gesicht zu kriegen.
Als ich ins Wohnzimmer zurückkehrte, schwebte Nancy über dem Teppich. Sie lächelte mir zu, offenbar gefiel ihr meine entgegenkommende Geste.
»So ist's schon viel besser, Joe. Du siehst fast wieder wie dein altes Selbst aus. Weißt du, was mir gerade durch den Kopf ging? Bei all dem Geld, das wir haben, vielleicht... vielleicht könntest du dich einem Chirurgen anvertrauen... weißt du...«
Sie kam hinabgeflattert und drückte mich. »O Joe, warum hast du das nur getan?«
Ich zuckte kurz die Achseln. »Ein unterbewußtes Verlangen. Ich wollte schon immer eine schöne Frau sein.«
»Ich auch«, lachte Nancy.
»Aber du bist es ja!«
»Nicht die Sorte, die die Männer zu Salzsäulen erstarren läßt. Ich dachte schon, die beiden Polizeibeamten würden ohnmächtig, als sie dich sahen.«
»Hey! Laß uns fliegen! Wenn du mich wirklich tot haben willst, kannst du mich ja über dem Times Square runterfallen lassen.«
»Das würde ganz schön klatschen...«
Wir öffneten eine der großen Flügeltüren und flogen in die Nacht hinaus. Nancys drahtiger Körper fühlte sich zwischen meinen weichen Schenkeln angenehm an, und wie die atemberaubende Stadtkulisse so an uns vorüberhuschte, schlug uns die kalte Luft

mitten ins Gesicht. Wir zogen eine Schleife um das Empire State Building, huschten ein Tragseil der Brooklyn Bridge entlang und landeten schließlich auf einem der Zwillingstürme des World Trade Center.
»Du fliegst toll, Nancy.«
Sie schloß die Augen und ließ zu, daß ich sie küßte. Der Kuß schmeckte, wie er immer geschmeckt hatte.
»Bist du immer noch mein alter Joe?« sagte Nancy einen Augenblick später.
»Ich bin immer noch derselbe. Innerlich bin ich immer noch derselbe.«
»Dann laß uns zurückfliegen. Laß uns in unser neues Heim zurückfliegen; versuchen wir, gemeinsam glücklich zu sein.«
Die Frühnachrichten im Fernsehen waren auch alles andere als ermutigend. Harry Gerber war verhaftet worden; man hatte ihn mit dem Tod von siebzehn Menschen in Zusammenhang gebracht und ihn der Fahrlässigkeit beschuldigt. Siebzehn Menschen waren in New Brunswick wegen Nervenschocks gestorben, als sie von den Hirnis überrascht worden waren. Sein Labor stand unter schwerer polizeilicher Bewachung, und Sondra Tupperware hatte man als Mitschuldige ebenfalls verhaftet. Joseph Fletcher wurde immer noch gesucht, aber die Anschuldigungen gegen Nancy Lydon Fletcher hatte man fallengelassen. Die Mutantenpflanzen hatten sich allesamt in Wohlgefallen aufgelöst, und die durch sie verursachten Verwüstungen waren völlig verschwunden.
Es gab Wissenschaftler, die spekulierten, daß die Krapfenbäume möglicherweise eine von den Gary-Gehirnen hervorgerufene Massenpsychose gewesen sein könnten.
Und schon wieder pochte es an der Tür. Nancy schlief noch. Ich ging zur Tür und blickte durch den Spion. Fernsehleute mit Video-Kameras.
»Gehen Sie«, flötete ich. »Ich möchte niemanden sehen.«
»Bitte, Mrs. Fletcher«, brüllten die Reporter. »Nur ein paar wenige Fragen.«
Ich ging zum Telefon und rief das Wachpersonal. Es dauerte

nicht lange, und es war still vor unserer Tür. Nancy war inzwischen aufgewacht und machte uns das Frühstück.
»Früher oder später wird einer den Mund aufmachen«, sagte ich, während ich mein Ei verzehrte.
»Wer?«
»Sondra und Harry. Früher oder später werden sie der Polizei erzählen, daß ich mich in eine Frau verwandelt habe. Und dann wird man mich ebenfalls verhaften.«
»Aber, weshalb denn?«
»Es kam vorhin in den Nachrichten. Siebzehn Leute starben, weil sie von Rückgrat-Hirnis geritten wurden, und Harry wird Mittäterschaft vorgeworfen. Sondra und ich stehen als Helfershelfer unter Verdacht. Und ich wette, Professor Baumgard wird mich wegen bewaffneten Raubüberfalls anzeigen.«
»Dann solltest du besser Don Stuart anrufen, den Rechtsanwalt, den ich gestern eingeschaltet habe.«
»Zur Hölle mit Rechtsanwälten... Gibt's denn keine andere Möglichkeit, das alles zu bereinigen? Don Stuart wird kaum in der Lage sein, mir meinen... na, du weißt schon, zurückzugeben, oder?«
»Ich mein, mit Hilfe plastischer Chirurgie...«
»Nein! Ich will meinen *richtigen* Körper wiederhaben. Ein chirurgisches Abenteuer, das wird mir nichts nützen. Ich möchte noch mehr Kinder mit dir haben, Nancy. Und ich will den armen Harry aus dem Knast holen.«
»Und was ist mit Sondra?«
»Hm, die... die wird schon alleine fertig. Sobald man sie das erste Mal zum Hofgang führt, wird sie auf- und davonfliegen. Selbst wenn man sie an einen Wärter fesselt, den nimmt sie einfach mit. Sondras wegen brauchst du dir keine Sorgen zu machen, Nancy. Harry und ich... *wir* werden gekniffen!«
»Ich hoffe, nicht im wörtlichen Sinne.« Nancy lächelte und fuhr mir mit den Fingern durch mein abstehendes Haar. Solange wir nicht im Schlafzimmer waren, fiel es ihr nicht schwer, ihre Zuneigung zu zeigen.
Kaffee tranken wir draußen auf der Terrasse, unter uns die

klotzigen Schluchten Manhattans. Wirklich ein angenehmer Ort zum Wohnen. Wenn nur...

»Warum wirfst du nicht den Blanser noch mal an?« fragte Nancy plötzlich.

»Hab ich dir nicht von den roten und den blauen Gluonen erzählt?«

»Doch, aber du hast auch gesagt, es gäbe gelbe Gluonen. Und wenn's dir gelingt, gelbe Gluonen aufzutreiben, wird der Blanser ein letztes Mal funktionieren, oder nicht?«

»Das ist 'ne Idee... Aber, ich glaub nicht, daß irgendwer gelbe Gluonen hat. Die sind sogar noch seltener als die blauen. Könnt ich doch nur mit Harry sprechen...«

»Das kannst du doch. Bring in Erfahrung, wo sie ihn eingelocht haben, und besuch ihn einfach. Kein Mensch wird dich erkennen.«

»Die lassen bestimmt nicht jeden einfach so rein, 'nen Killer besuchen, Nancy. Ich müßte schon 'ne nahe Verwandte sein.«

»Dann besorg dir 'nen falschen Ausweis. Erzähl denen, du wärst seine Schwester. Hat er 'ne Schwester?«

»Klar! Ich hab ihn mal von ihr reden hören. Susie! Susie aus Detroit.«

»Gut. Das heißt, wahrscheinlich ist sie noch gar nicht hier.«

»Stimmt. Aber woher krieg ich 'nen falschen Ausweis?«

»Du bist der Kriminelle, Joe, nicht ich.«

»Der einzige, der mir einfällt, ist Eddie Match.« Eddie war ein langjähriger Freund, der weit oben in Manhattan wohnte. Im großen und ganzen schlug er sich als unbescholtener Fotograf durch, aber er kannte eine ganze Reihe Krimineller. Daß er auch Ausweispapiere fälschte, hatte er mir schon vor Jahren erzählt.

»Nehmen wir ein Taxi und fahren zu Eddie.«

»Okay. Wart hier, bis ich mich angezogen habe.«

»Kann ich nicht zugucken?«

»Nein.«

Sie ging ins Schlafzimmer und schloß die Tür hinter sich. Wir mußten noch heute gelbe Gluonen auftreiben, es gab einfach keinen anderen Weg. Baumgard mit einer Waffe zu bedrohen,

war nicht besonders cool gewesen. Diesmal würd ich's mit Geld versuchen. Im Garderobenschrank auf dem Flur fand ich eine ausreichend große Ledertasche und stopfte sie randvoll mit etwas über zwei Millionen Dollar in Tausendernoten.
Nancy war immer noch beim Anziehen. Ich beschloß, Alwin Bitter anzurufen, um zu hören, wie es der kleinen Serena ging. Seine Frau war am Apparat.
»Mrs. Bitter?«
»Ja...«
»Hier spricht...« Panik stieg in mir auf, wußte ich doch nicht, wie ich den Satz beenden sollte. »Wie geht's Serena?« stieß ich hervor.
»Serena geht es gut. Mit wem spreche ich, bitte?«
Ich legte auf.
Ich hatte meine Joe-Fletcher-Sachen an, die ich gestern abend bereits getragen hatte. Ich blickte in den großen Spiegel auf dem Flur und fragte mich, ob ich Make-up auflegen sollte. Nur weil Nancy es störte, hieß das noch lange nicht, daß ich mit meinem neuen Körper nicht auch ein wenig Spaß haben sollte. Meine Haare... welch ein heilloses Durcheinander!
»Hey, Nancy«, rief ich.
»Nun mal langsam«, rief sie durch die geschlossene Schlafzimmertür zurück, »ich bin noch nicht ganz fertig.«
»Ich warte unten, im Schönheitssalon.«
Bevor sie protestieren konnte, verließ ich das Penthouse. Mein Leben lang hatte ich auf Frauen gewartet, die sich beim Ankleiden Zeit genommen hatten; jetzt war ich mal an der Reihe.
Der Coiffeur war ein schnieker Junge Anfang zwanzig. Er gluckste vor Lachen, als er sah, wie ich mein Haar zugerichtet hatte.
»Sie hat wohl der Teufel geritten, meine Liebe.«
»I-ich dachte, jemand könnte mich lieber haben mit kurzem Haar. Können Sie das wieder in Ordnung bringen?«
»Aber, natürlich, meine Liebe. Er wird Sie nachher um so mehr mögen.«
»*Sie*. An den Seiten bitte nicht zu kurz. Und oben, da darf es ruhig abstehen.«

Nach dem Haar kamen die Fingernägel dran, und dann mein Gesicht. Dem Make-up-Girl sagte ich, daß ich so aussehen wollte wie aus Detroit. Sie begriff sofort. Als alle mit mir fertig waren, sah ich sogar noch besser aus als am Vortag. Außer meinen Kleidern. Sollte ich noch mal hochgehen und...

»Komm endlich, Joe«, sagte Nancy ungehalten und kam in den Schönheitssalon gestampft. »Ich hab jetzt lang genug gewartet.«

Wir gingen hinaus und riefen ein Taxi. Nancy meinte, es sei besser, den Corvette in der Hotelgarage zu lassen. Auf dem Weg *uptown* hielten wir irgendwo an, um einen sündhaft teuren Tweed-Anzug in erdfarbenem Ton für mich zu kaufen. Inzwischen sah ich wie 'ne Lesbe aus. Aber aus Detroit. Geradewegs aus Detroit.

Weit oben in Manhattan

»Mach auf, Eddie.« Ich konnte sein Auge erkennen, wie es durch das Guckloch seiner schweren stahlbeschlagenen Tür starrte. »Wir sind's, Joe und Nancy Fletcher.«

»Sie sind nicht Joe Fletcher.« Seine Stimme klang verhalten und leicht amüsiert. Eddie war ein Kabelkopf, daran bestand kein Zweifel. »Wenn ich euch hereinlasse, werdet ihr dann...«

»Komm schon«, sagte Nancy und schubste mich zur Seite. »Mich wirst du doch wohl erkennen, Eddie, oder etwa nicht?«

»Wer ist 'n diese Freundin? Steht sie auf Männer?«

»Mach diese gottverdammte Tür auf, Eddie!« Ich hörte, wie hinter uns einer die Treppe hochkam. Dies war nicht gerade der geeignete Ort, um mit zwei Millionen Dollar in der Tasche herumzustehen.

Eddie ließ uns herein, gerade als die Schritte sich unserem Treppenabsatz näherten. Allerdings war es kein Verbrecher, es war ein Nachbar, ein junger Typ, der sich ebenfalls halb freiberuflich durchs Leben schlug. Ich fragte mich, wo die ganzen finsteren Gestalten, die sich hier auf den Straßen herumtrieben, wohl wohnten. Was für ein ausgestiegener Haufen! Kabelköpfe, Weibmänner vor der Geschlechtsumwandlung, Mischlinge und Oz-Schlucker.

Eddie führte uns einen langen, engen Flur entlang zu seinem Wohnzimmer. Seine beiden Riesenköter bellten wie verrückt.

»Tasp?« bot er mir an und hielt ein taschenlampengroßes Gerät in der Hand. Eine externe Stimu-Apparatur: Wenn man das Ding an den Hinterkopf hielt und anstellte, sah man wunderschöne Farben und wurde von einer Welle des Wohlbefindens

überflutet. Normalerweise ließ ich mich nicht auf so was ein, aber jetzt, in meiner Verfassung, konnte ich einen guten Kick vertragen. Seit wir den Schönheitssalon verlassen hatten, hatte mir Nancy sowieso die kalte Schulter gezeigt. Und als ich mir den Anzug gekauft hatte, war sie – kochend vor Wut – im Taxi sitzen geblieben. Ich glaube, all das, was momentan um sie herum geschah, freakte sie ganz schön aus. *Sie ist auch nur 'n Mensch*, rief ich mir in Erinnerung, als ich mir den Tasp an den Schädel setzte. *Ein Mensch, der glücklich sein möchte.*
Ich drückte auf den Knopf, und alles wurde besser, und zwar sofort!
»Wie heißt du?« fragte Eddie. Er lächelte und streckte eine Hand nach der kleinen Lustmaschine aus.
»Joe, Eddie. Es ist wirklich Joe.« Nancy lehnte den Tasp, den Eddie ihr hinhielt, ab und sprach weiter. Nancy war hier, um Business zu reden. »Gestern war er Marilyn Monroe und heute will er Susan Gerber sein. Und wir wollen, daß du ihm einen falschen Ausweis machst.«
Eddie strich sich mit seinem Tasp noch mal über den Hinterkopf und ging ans Fenster hinüber. »Komm mal her, Joe, schau dir das an.« Jetzt, wo Nancy ihm bestätigt hatte, wer ich in Wirklichkeit war, schien es ihm nichts mehr auszumachen, wie ich aussah. Dazu hatte Eddie schon zu lange in diesem Teil Manhattans gewohnt. »Guck dir diese Autokadaver an«, sagte er.
Ich verpaßte mir auch noch was mit dem Tasp und blickte auf die Autos hinunter, von denen Eddie sprach. Drei Stück konnten wir sehen; Autos ohne Scheinwerfer, Reifen, Chromteile; auch Motoren und Kupplungen fehlten.
»Sauber abgenagt«, kicherte ich.
»Check«, sagte Eddie. »Ich gucke sie mir immer wieder an und denke an jene Leute, die den Wagenschlüssel Hotelpagen anvertrauen. Damit kommt irgendein Vertreter aus Iowa, okay? Er überläßt seinen Wagen einem Pagen am Eingang zum Sheraton, und am nächsten Morgen sieht er aus wie die da unten. Das Auto oben an der Ecke war mal meins.« Dabei mußte er so heftig lachen, daß er sich aufs Fenstersims stützte. »Wie, sagtest du,

lautet dein neuer Name? Und wie hast du überhaupt hierhergefunden?«
»Ich kam mit ihr.« Mit einer Kopfbewegung zeigte ich auf Nancy.
»Ah-ja. Joe Fletcher. Du bist jetzt also auf dem Trans-Sextrip?«
»Im Grund genommen schon. Ich brauch 'n Ausweis. Susan Gerber aus Detroit.«
»Check. Halt das mal und laß mich nicht wieder dran, bevor ich nicht mit allem fertig bin.« Eddie gab mir den Tasp. Wenigstens hatte er sich noch keinen Sockel einbauen lassen. Hatte man erst mal einen Sockel am Schädel, dann sah es ziemlich böse aus.
»Nancy und Joe...« sinnierte Eddie und setzte sich an seinen Arbeitstisch. »Wow! Wirfst du mir bitte mal den Tasp rüber, Joe?«
»Du hast mir gerade gesagt, daß ich das nicht...«
»Check.« Eddie schaltete seinen Monitor ein und hob seine Finger über die Tastatur. »Susan Gerber aus Detroit? Hast du die Adresse?«
»Nee, mußt schon selber nachschaun.«
»Okay.« Er drückte ein paar Tasten, und schon hatte er, was er brauchte. »105 Madius Street. Hast du 'n Photo von deinem liebreizenden neuen Selbst, Joe?«
»Nee.«
»Okay, dann kommt das mal als nächstes dran.« Eddies Finger tanzten über ein paar weitere Tasten, und auf dem Bildschirm erschienen drei verschiedene Ausweiskarten, Vorder- und Rückseite. In Eddies Gerät war eine Satzmaschine eingebaut. Ein weiterer Knopfdruck, und drei perfekte Plastikkarten glitten heraus. »Jetzt fehlen nur noch die Fotos, die kleben wir dann auf. Gib du mir mal eben den Tasp?«
»*Ich* werde das Ding jetzt mal nehmen«, sagte Nancy und schnappte es mir aus der Hand.
Ich folgte Eddie in den Fotoraum, und wir machten die Bilder. Er hatte eine Video-Scan-Kamera, damit bekamen wir die Abzüge im Nu. Ich guckte mir einen genau an und versuchte, mir

klarzumachen, daß wirklich ich das war. Vom Stimu beschwingt, hatte ich immer noch gute Laune, und alles schien unglaublich aufregend zu sein.
»Ich könnte durchaus noch 'n Hit gebrauchen«, sagte ich zu Nancy, als wir wieder ins Wohnzimmer kamen.
»Check«, sagte Eddie. »Ich auch.«
Wie wir so vor ihr standen, gab Nancy nach. Eddie und ich ließen den Tasp ein paarmal kreisen, bevor wir ihn ihr zurückgaben.
»Wo waren wir doch stehengeblieben?« fragte Eddie.
»Bei den Ausweisen«, nörgelte Nancy. »Wenn ihr zwei Typen es nicht lassen könnt, euch so vollzuballern, solltet ihr mir wenigstens was zu trinken anbieten...«
»Ein Bier?«
»Ausgezeichnet...«
Während Eddie sich auf den Weg zur Küche machte, nutzte Nancy die Gelegenheit, an mir herumzumeckern. »Mit dir wird's rasant bergab gehen, Joe, wenn du nicht bald deinen richtigen Körper wiederkriegst. Sonst bist du doch nicht so, andauernd Stimu in die Rübe!«
»Was macht dir denn das schon aus? Du liebst mich ja nicht mal!«
»Natürlich liebe ich dich, Joe. Wer sonst würde dir zur Seite stehn?«
»Es ist ja auch gar nicht so schwer, mit mir auszukommen. Ich bin nichts weiter als 'n Mensch, der glücklich sein will. Ein Mensch genau wie du.«
»Ist das die ganze Erleuchtung, die du in einem Frauenkörper gefunden hast?«
»Das stimmt doch, oder nicht?«
»Wenn du meinst; aber der sicherste Weg, unglücklich zu sein, ist, wenn einer ständig versucht, immerzu glücklich zu sein.«
»Das hört sich an, als hätte dein Vater dir das erzählt. Was für ein reaktionärer Mensch...«
»Immerhin hat er einen Penis.«
»Ich werde Harry besuchen, Nancy. Ich werde heute noch Harry besuchen und mit ihm über die Gluonen sprechen.«

Eddie kehrte mit drei Dosen Bier zurück. »Ausweis«, murmelte er, wie um sich etwas in Erinnerung zu rufen. »Die schlimmste Arbeit steht uns noch bevor.« Vor ihm lagen originalgetreue Kopien der drei Karten, Vorder- und Rückseite, ausgestellt auf den Namen Susan Gerber und jeweils mit meinem Foto drauf. »So, jetzt setz mal deine Unterschriften drunter, Joe. Führerschein, Identity card und Kreditkarte.«
»Schreib *Susan Gerber*«, erinnerte Nancy mich; als ob ich das nicht selber wüßte.
Ich zeichnete die dünnen Papiere, und Eddie nahm sie mit raus. Wieder fingen die Hunde an zu bellen.
»Kommt ruhig mit, Girls«, rief Eddie. »Ich zeig euch mal meine Maschine.«
»Welche?« fragte ich vorsichtig.
»Schaut her.« Er hatte ein Gerät zum Plastikeinschweißen und – das war das wichtigste – eine ganze Auswahl verschiedener offizieller Leerausweiskarten. Wenn eine Karte nicht eine bestimmte geheime Struktur aufwies, konnte man sie vergessen. Diese Strukturen glichen unsichtbaren Gültigkeitssiegeln. Eine nach der anderen, laminierte Eddie die hauchdünnen Kopien auf die Plastikkarten.
»Haben wir eigentlich schon über Geld geredet?« erkundigte sich Eddie.
»Was immer du sagst.« Ich nahm die frischen Ausweiskarten in die Hand und bewunderte sein handwerkliches Können.
»Sagen wir, fünftausend.«
»Check.« Ich nahm meine Brieftasche hervor und zählte fünf Riesen ab.
»Kann ich jetzt meinen Tasp wiederhaben, Nancy?«
»Klar«, sagte Nancy und reichte ihm das Ding zurück.
Eddie und ich ließen den Tasp noch einige Male zwischen uns hin- und hergehen. Es dauerte nicht lange, und ich mußte lachen, so laut, wie ich kaum in meinem Leben gelacht hatte. Und dann saß ich auf einmal wieder in einem Taxi. Roboter-Chauffeur. Neben mir saß noch wer. Nancy.
»Nancy! Wo sind wir hier?«

»Auf dem Weg nach Rahway. *Du* jedenfalls. Ich werde vorher aussteigen und nach Princeton fliegen. Ich will Serena abholen.«

»Check.«

»Hör endlich auf, dich wie ein Kabelkopf aufzuführen, oder ich nehm dir deine Kohle ab.«

Ich hielt meinen Mund und blickte aus dem Fenster. Häßlich, wie häßlich. Es schien grenzenlos verschwenderisch, diese lange Fahrt mit dem Taxi zu machen. Aber, wir hatten's ja! Kann man sich mit Geld das Glück erkaufen? Einen Versuch schien es immerhin wert. Insgeheim fragte ich mich, was ein Tasp wohl kostete... nur für den Fall, daß es mit den gelben Gluonen nicht klappte...

Spacetime-Spengler

»Mein Zellenfenster liegt exakt unter dem Metalldach, und den ganzen Tag über fliegt 'ne Hummel davor rum. Ein schönes Tierchen, Susie, wie aus einem Comicstrip: ein dicker Punkt – das ist der Körper, und eine träge Acht als Flügel. Unablässig durchstreift sie ihr Territorium, weißt du, und beschreibt dabei eine Art Vieleck; wenn sie aber ein anderes Insekt erspäht – *zack*!« Harry warf die Arme in die Luft und versuchte zu zeigen, wie schnell die Hummel zuschlagen konnte.
»Ich bin nicht wirklich deine Schwester«, zischte ich, »ich bin Fletcher! Wir haben was Wichtiges zu besprechen.« Wir saßen uns an einem langen Tisch gegenüber, ein bewaffneter Wärter hockte am Tischende. Der Wärter sah zu gelangweilt aus, als daß er uns zuhörte – das konnte aber auch ein Trick sein. Und Harry hatte sich entschieden, mein Flüstern zu ignorieren.
»Ich also nicht faul, Susie, trickse die Hummel aus. Ich dreh 'n Blatt Toilettenpapier zu einem Kügelchen und werf es durch die Gitterstäbe. *Zoom*! schon sitzt sie drauf. Das habe ich immer wieder, immer wieder gemacht, bis sie anfing sauer zu werden. Sie wußte, wo die nachgemachten Käferchen herkamen.«
»Bitte, Harry.« Ich lehnte mich vor und versuchte, seine Aufmerksamkeit auf mich zu lenken. »Du mußt mir unbedingt helfen, gelbe Gluonen zu finden.«
»Dann nahm ich den Mund voll Wasser. Zum Spritzen. Weil ich wußte, daß die Hummel beim nächsten Mal, wenn ich ein Stückchen Papier rauswarf, sich auf mich stürzen würde. Und ob sie es tat! Ich sage dir, Susie, sie sah so groß aus... so groß wie ein Hund, als sie auf mich zukam.«

»Hast du sie getroffen?« seufzte ich. Vielleicht wußte Harry, daß ich es war, vielleicht auch nicht, aber jetzt, in diesem Augenblick, hatte er das Bedürfnis, mit seiner Schwester zu reden.
»Und wie! Erinnerst du dich noch an die heftigen Wasserpistolenkämpfe, die wir mit den Nachbarkids austrugen?«
»Du meinst die Fletcherkids? Joe und Nancy?«
Harry warf mir einen Blick zu... er war jetzt im Bilde. »Ja, genau. Wir hatten drei ganz besondere Kanonen, weißt du noch?«
»Und wie ich mich erinnere. Ich wünschte, ich hätte eine davon, jetzt. Ich wünschte mir 'ne ganze Menge Sachen. Oh, Harry, ich hasse es, so auszusehen, wie ich aussehe. Ich wußte wirklich nicht, was ich tat.«
»Und ich wünschte, ich könnte dir helfen. Auch bin ich nicht gerade scharf drauf, länger im Knast zu sitzen. Ständig werde ich verhört, habe aber bis jetzt dichtgehalten. Einer von den Jungs vom FBI meinte, ich kriegte bestimmt zwanzig Jahre.«
»*Phiiuuu*! Aber, ich habe Geld, hörst du? Ich werd dir den besten Anwalt besorgen.«
»Schön, schön. Danke. Soll ich dir was von der Küchenschabe unter meinem Bett erzählen?«
»Hör doch mal damit auf, Harry!« Wir hatten uns beide über den Tisch gelehnt, unsere Gesichter berührten sich fast. Der Wärter hatte offenbar jegliches Interesse an uns verloren. »Ich will versuchen, den Blanser noch mal in Gang zu bringen. Wo finde ich gelbe Gluonen?«
»Ich hab mir schon das Hirn zermartert. In Princeton sollte man eigentlich wen auftreiben können, der welche hat. Kennst du keinen von den Physikern?«
»Alwin Bitter!«
»Gut. Aber glaubst du, du kannst den Blanser bedienen? Wenn man's richtig bedenkt, Joe, weißt du doch gar nicht, wie er funktioniert.«
Ich hätte ihm ins Gesicht lachen können. »*Ich* weiß das nicht? Zufällig bin *ich* derjenige, der *dir* erzählt hat, wie der Blanser gebaut wird, Harry.«

Plötzliche Zorneswolken verdunkelten sein Gesicht. »*Du*? Versuch nicht, die Lorbeeren einzuheimsen, Fletcher. *Ich* habe den Blanser entworfen, *ich* habe ihn gebaut. Es ist einzig und allein *meine* Erfindung.«
»Natürlich ist es das«, stieß ich zwischen den Zähnen hervor. »Und woher hast du die *Idee* dazu, hä?«
»Die-die kam mir in einem Traum. Und es war *mein* Traum, und…«
»Es war nicht dein Traum, Harry. Ich hab ihn dir eingetrichtert. Als ich gestern geblanst war, wischte ich in der Zeit zurück und verpaßte dir den Traum, in dem du träumtest, wie man einen Blanser baut.« Harry schüttelte den Kopf und hielt die Augen fest geschlossen. »Das stimmt wirklich, Harry. Erinnerst du dich an den Fluß mit der Ente, die übers Wasser schritt?«
Wie auf Knopfdruck klappten seine Augen auf. »Oh. Oh, mein Gott… Mußtest du keine Masse bewegen, um in der Zeit herumzuschwirren? So, wie ich Zeke vorschicken mußte, damit ich dich in deinem Auto besuchen konnte?«
»Nein. Ich schickte nur mein Abbild. Masse brauchst du wirklich nicht zu bewegen. Du hast das nur getan, damit du dir einen Godzilla schaffen konntest.«
»Ich bin völlig verwirrt.« Harry warf einen Blick auf den Wärter, der immer noch an der Tischkante hing. »Nehmen wir mal an, Bitter ist dir bei der Beschaffung der gelben Gluonen behilflich, was wirst du dir denn diesmal wünschen? Du wirst nicht mehr als ein, zwei Sekunden haben.«
»Am liebsten hätte ich's, wenn alles wieder so wie vorher wäre. Mein Geld, das werde ich natürlich behalten.«
Aufmerksam studierte Harry mein Gesicht. »Unter der Oberfläche bist du immer noch derselbe, Fletch. Von uns beiden bist du der wirklich Verrückte. Das sage ich immer wieder, aber kein Mensch will's mir glauben. Hat dich schon einer langgemacht?«
»Ich hab Angst davor.«
»Und was ist mit der Frage, weshalb alle Dinge existieren? Solltest du das nicht für Baumgard herausfinden? Du hast dich

gestern so schnell davongemacht, daß ich nicht mal dazu kam, dich danach zu fragen.«
»Du hättest mich ja auch nicht unbedingt so auslachen müssen.«
»Seien wir ehrlich, Joe. Jeder, der...«
»Ich habe nicht die geringste Lust, darüber zu reden. Zu Baumgards Frage werd ich dir aber mal was sagen. Also, weshalb Dinge existieren... Was ich tat, war, ich blickte weit, weit in die Zeit zurück und versuchte zu sehen, wie alles seinen Anfang nahm.«
»Wieweit zurück?« Harrys Augen verrieten lebhaftes Interesse.
»Den ganzen Weg zurück bis zum Urknall.«
»Und?«
»Ich verursachte ihn.«
»Du hast den Urknall ver-ur-sacht?«
»Es war, als würde absolut nichts passieren, und ich wurde ungeduldig. Ich hatte mich über den gesamten Raum, über alle Zeit ausgebreitet, also nahm ich Energie von überallher, bündelte sie und lenkte sie auf den Ausgangspunkt.«
In Gedanken versunken saß Harry mit trüben Augen da. »Das Universum als ein sich selbst erregendes System«, sagte er langsam. »Ich mag das. Das ergibt einen Sinn.«
»Irgendwie bin ich Gott, findest du nicht?«
Harry warf mir einen Blick zu, gemischt aus Mitleid und Belustigung. »Aber natürlich bist du das, Joe.«
»Nun, ich meine, wenn ich derjenige war...«
»*Ich*... Wer erfand den Blanser? Keiner, Fletch, er erfand sich selber. Er kam von nirgendwo her und teilte uns mit, wie wir ihn bauen könnten. Ich fügte die Teile zusammen, und du kriegtest den Schuß... Siehst du denn nicht, daß er uns lediglich benutzt hat? Das Universum hat uns benutzt, damit es sich selbst hervorrufen konnte. Wahrscheinlich gibt's 'ne ganze Menge derartiger Kanäle, über die Energie in die Zeit zurückgeleitet wird. Und wir gehören zu den Typen, die die Leitungen zu verlegen helfen, Spacetime-Spengler.«

Wir hatten laut gesprochen. Der Wärter paßte wieder auf.
»Ich denke, ich sollte besser gehen«, sagte ich und lehnte mich auf meinem Stuhl zurück. »Es war nett, dich wiederzusehen, lieber Bruder. Auch wenn's schrecklich ist, daß es ausgerechnet hier...«
»Sorg dich nicht, liebe Schwester. Gottes Wege sind seltsam und verschlungen.«
Man führte mich wieder aus dem Gefängnis. Es dauerte fast eine halbe Stunde. Türen, Türen, Mauern, Mauern. Nancy war vorausgeflogen, aber unser Roboter-Taxi stand immer noch da. Der Zähler stand auf zweiundsiebzig Dollar.
Auf dem Highway versuchte ich, die Ereignisse noch einmal zu überdenken. Am liebsten hätte ich mir ein paar Notizen gemacht. Am Freitagnachmittag, dem 20. September, hatte alles angefangen. Ich suchte in meinen Taschen nach Stift und Papier, und fragte, als ich nichts fand, den Fahrer nach Schreibutensilien.
»Sch-schau-en Sie im rück-wärr-tigen Hand-schuhhh-fach«, plärrte der Roboter. Ich drehte mich um und klappte den Deckel des rückwärtigen Handschuhfachs hinter mir auf: ein Erste-Hilfe-Kasten, ein paar Dosen Lebensmittel, eine Taschenlampe und ein Type-Screen. Das Type-Screen erinnerte an eine Kindertafel und hatte am einen Ende eine Tastatur eingebaut. So konnte man auf dem Screen Sachen eintippen und, sofern nötig, Papierkopien machen. Ich legte mir das Ding auf die Knie und fertigte eine Liste an.

Freitag	20. 9.	Sehe Harry im Buick. Harry träumt, daß er mich sieht.
Samstag	21. 9.	Wir kaufen bei Stars 'n' Bars ein. Godzilla.
Sonntag	22. 9.	Kirchgang. Harry geblanst. Trip in Spiegelwelt.
Montag	23. 9.	Invasion der Gary-Hirne. Trete Reise mit Nancy an.
Montag	30. 9.	Reise mit Nancy zu Ende. Gary-Hirnis in New Brunswick.

Dienstag	1. 10.	Fliege nach Iowa. Nancy verhaftet.
		Werde geblanst. Manhattan.
Mittwoch	2. 10.	Heute.
Donnerstag	3. 10.	Morgen

Eine Zeitlang studierte ich die Liste und löschte sie dann. Heute würde ich mir mit Bitters Hilfe gelbe Gluonen besorgen. Da ich Harrys Schwester und Nancy Fletchers Partnerin war, würde die Polizei uns ohne weiteres in Harrys Werkstatt lassen. Wir würden sagen, daß wir ein Verzeichnis der Wertgegenstände anlegen wollten. Und dann würde ich mich blansen lassen. Wenn gelbe Gluonen aber wirklich so knapp waren, wie Harry behauptete, würde mir nicht viel Handlungsspielraum bleiben. Ich mußte alles in einen einzigen Wunsch packen. Ich grübelte, wie das am besten hinzukriegen war.

Alles soll so sein, wie es am Freitagmorgen, dem 20. September, war.

Nein, das hätte keinen Sinn. Das würde uns alle nur in eine entsetzliche Zeitschlaufe werfen. Wenn alles ganz genau so wäre *wie* an diesem speziellen Freitag, dann *wäre* es dieser Freitag noch einmal, und die ganze verrückte Kette von Ereignissen würde sich noch mal abspulen und mit meinem Wunsch, es möge wieder Freitag sein, enden. Nein, danke. Noch mal von vorn.

Alle Wünsche, die Harry und ich uns ausgedacht haben,
sollen rückgängig gemacht werden.

Das wäre der totale Blödsinn! Als erstes würde ich mein Geld verlieren. Gar nicht davon zu reden, daß Antie – vielleicht sogar Harry – tot wären. Und ich verpaßte die Gelegenheit, das Universum in Gang zu bringen. Nein, nein. Ich mußte schon präziser sein.

Mein Körper soll wieder so sein, wie er früher war, und der Gouverneur soll Harry, Sondra und mich begnadigen.

Das sah schon besser aus. Ich machte mir eine Kopie davon, faltete sie zusammen und steckte sie in meine Brieftasche. Dann döste ich ein und träumte von Harry und der Hummel. Ich war die Hummel.
»Ma'am?«
Ich fuhr aus meiner Träumerei hoch und blickte mich um. Den Highway hatten wir verlassen und befanden uns jetzt auf dem Weg nach Princeton. Der Roboter sprach weiter.
»Brauchen Sie die genaue Adresse?« fragte ich.
Nnnein. Die an-derre Ddame gab mirr die A-drresse.«
»Von Alwin Bitter?«
»Jaaa.«
»Nun, was wollen Sie dann noch? Ich habe gerade geschlafen.«
»Ich langweile mich. Ken-nenn Sie nicht ein kniff-liges Rättsell?«
Ich blickte auf den Zähler. Hundertsiebenundsechzig Dollar. Bald zweihundert Dollar, und ich sollte auch noch den Fahrer unterhalten?
»Nein, solche Rätsel kenne ich nicht.« Der Roboter machte ein derart enttäuschtes Geräusch, daß ich nachgab. »Vielleicht weiß ich doch noch eins. Wie wär's hiermit? Ein Geist verspricht einem Mann, daß er ihm einen einzigen Wunsch erfüllen wird. Und jetzt, passen Sie auf: Was geschieht, wenn dieser eine Wunsch des Mannes alle anderen Wünsche einschließt?«
»Dann werrden ihm alle Wünn-sche off-enstehen, die er hat.«
»Aber vergessen Sie nicht: Bedingung ist, daß er nur einen einzigen Wunsch äußern darf.«
»Ich verr-stehe. Also werrden ihm keine Wünn-sche gewärrt.«
»Aber ein Wunsch sollte ihm offenstehen.«
»Aberr viell-eicht warr es der ein-zige Wunsch des Mannes, keinen Wunnsch gewäh-rrt zu kriegen. Seinn Wunsch wirdd also errfüllt.«
»Oder auch nicht.«
»Ich verr-stehe. Dannk fürr das Rättsell. Ich werde es überrdenken.«

Ebenen der Unbestimmtheit

»Möchten Sie ein wenig Eistee... Mr. Fletcher?«
»Oh, danke, Mrs. Bitter. Gern.«
Zu viert saßen wir in ihrem Wohnzimmer. Zu fünft, Serena mitgerechnet. Sie saß auf meinem Schoß, auch wenn sie nicht genau wußte, wer ich denn war. Ich nahm ihre kleinen Ärmchen und patschte ihre Hände zusammen. Sie lachte fröhlich und unbeschwert; wenigstens gelang es mir noch, mein Töchterchen zum Lachen zu bringen.
»Also hat es mit den Wünschen doch nicht so richtig geklappt?« fragte mich Bitter.
»Das kann man wohl sagen. Ich bin in einem Frauenkörper, und wir alle haben Ärger mit der Polizei.«
»Nancy hat mir von der Maschine erzählt, die Harry und Sie gebaut haben. Wie kamen Sie eigentlich darauf, sie zu erfinden?«
»Nun.. das ist ein wenig kompliziert.« Ich hielt im Sprechen inne und überlegte, wie ich es erklären sollte. »Die Baupläne für den Blanser erschienen Harry in einem Traum. Er träumte, wie er jemandem begegnete, der ihm erläuterte, wie die Maschine zu bauen sei. Also machte er sich an die Arbeit, baute das Gerät, und später ließ ich mich damit blansen. Die Funktionsweise der Maschine verstand ich nicht, nachdem ich aber geblanst war, mir das Gerät genau betrachtet und Harrys Gedanken gelesen hatte, ging mir ein Licht auf. Als nächstes tat ich ein paar Schritte in der Zeit zurück und senkte die Baupläne in Harrys Gedanken, während er träumte. Die Person, die ihm im Traum begegnete, war ich, um das mal klarzustellen. Das Ganze ist ein einziger Kreis. Das Universum war's, das überhaupt alles hervorrief.

Harry sagt das wenigstens. Er meint, das Universum hätte uns benutzt, um sich selbst hervorzurufen.«
»Wie ein Schriftsteller, der seine eigenen schlüpfrigen Bücher liest«, kicherte Nancy. Sie nahm mich überhaupt nicht mehr ernst.
»Dann eher schon wie ein Springbrunnen, der sein eigenes Wasser in Bewegung hält.« Ich runzelte die Stirn. »Oder eine Batterie, die sich selbst auflädt.«
»Das sich selbst hervorbringende Absolute«, sagte Bitter beiläufig. Seine Frau, Sybil, kehrte mit einem Tablett und vier Gläsern Eistee aus der Küche zurück. Sie hatte eine wohlgeformte Gestalt, die eine anmutige S-Kurve nachzeichnete. Zwischendurch sah sie mich immer wieder komisch an... als säße eine Jahrmarktsattraktion in ihrem Wohnzimmer.
»Ich bin mit der Bitte um Hilfe zu Ihnen gekommen«, sagte ich, an Bitter gewandt. »Harry meint, Ihnen könnte es, bei den guten Beziehungen, die Sie hier haben, gelingen, mir 'n paar gelbe Gluonen zu besorgen. Jede Gluonenfarbe funktioniert nur einmal, rote Gluonen haben wir benutzt, blaue ebenfalls. Jetzt brauche ich die gelben Gluonen, damit ich den Blanser ein letztes Mal aktivieren kann und...«
»Und du meinst, Dr. Bitter kann dir helfen?« stieß Nancy überrascht hervor. »Daran hab ich wirklich nicht gedacht. Welch glücklicher Zufall! Wirst du uns behilflich sein, Alwin?«
»Ich weiß nicht, ob ich das sollte. Die Dinge stehen für euch zwar nicht gerade zum besten... aber, wie ich das sehe, hätte es auch schlimmer kommen können.«
»Ich werde das Wünschen übernehmen«, schlug Nancy vor. »Ich werde nichts verlangen, was auch annähernd so unüberlegt, so dumm ist wie das, was Harry und Joe sich wünschten.«
»Was würdest *du* dir denn wünschen?« ging ich auf sie los.
Serena rutschte von meinem Schoß und suchte das Weite.
»Das überlaß ganz allein mir, *Susan*.«
»Kommt gar nicht in Frage! Ich habe alles genauestens durchdacht, Nancy, und ich weiß sehr gut, worauf es...«
»Ich werde versuchen, euch die Gluonen zu beschaffen«, unter-

brach Bitter. »Meine Bedingung ist nur, daß Nancy diejenige ist, die das Wünschen übernimmt. Ich mag Nancy.«

Nancy und der weißhaarige Alte tauschten lächelnd Blicke aus. Wie ich so dasaß, mit meinem edlen Tweed-Anzug, fühlte ich mich wie ein totaler Narr. Ich brauchte dringend ihre Hilfe, und sie machten sich über mich lustig.

»Ich hab das Gefühl, daß Sie sich nicht im klaren darüber sind, mit welchen Kräften wir's hier zu tun haben, Dr. Bitter.« Seinen Namen spuckte ich aus wie einen Fluch.

»Nennen Sie mich Alwin. Seien wir doch alle Freunde. Mit welcher Art Kräfte *haben* wir es denn zu tun, Joe? Was meinen Sie und Harry Gerber, weshalb der Blanser funktioniert?«

»Warum fragen Sie? Wenn Sie so voller Erleuchtung sind, dann wissen Sie doch schon alles. Sie wollen sich nur über mich lustig machen, stimmt's oder nicht?«

»Nein, bitte!« Bitter machte mit beiden Händen eine beschwichtigende Bewegung. »Ich bitte Sie lediglich um Informationen. Daß Ihre Maschine funktioniert, daran besteht wohl kein Zweifel. Ich bin nur neugierig, was die Methode angeht. Erklären Sie's mir, so gut Sie können.«

»Die Methode ist ganz einfach: Jemand wird geblanst, indem der Wert des Planckschen Wirkungsquantums in seinem Gehirngewebe verändert wird«, fing ich an.

»In *ihrem* Gehirngewebe«, unterbrach mich Nancy.

»*Jemandes* Gehirn«, bellte ich sie an. »Kannst du nicht mal still sein und mich das in Ruhe erklären lassen? Worauf es ankommt, ist, die Gluonen so zu behandeln, daß sie sich in eine völlig eigenschaftslose Flüssigkeit, bekannt unter dem Namen Planckscher Saft, verwandeln. Diese Flüssigkeit befindet sich sozusagen in einem *Quantenzustand zweiter Ordnung*. Er ist in zweifacher Hinsicht unbestimmt. Das ist nicht nur die gewöhnliche Unbestimmtheit in der Größenordnung des Planckschen Wirkungsquantums, es gibt, darüber hinaus, eine Unbestimmtheit zweiter Ordnung: *eine Unbestimmtheit des eigentlichen Wertes dieser Planckschen Konstante.*« Harry und der Blanser hatten mich einiges gelehrt...

»Also ist diesem… Planckschen Saft, sozusagen, unklar, wie hoch der Wert der Planckschen Konstanten ist?« fragte Bitter.
»Ganz genau. Er wird in einen ein Meter langen Subätherwellenleiter geführt, der in das Hirn der Versuchsperson weiterführt. Im Wellenleiter wird die Feldsymmetrie durchbrochen, und der Plancksche Saft wird zum Träger eines neuen Werts des Planckschen Wirkungsquantums, indem er die Meterlänge des Wellenleiters ›erkennt‹ und als die neue Planck-Länge übernimmt.«
»Ein Meter… hmm«, sagte Bitter und maß die Länge mit beiden Händen ab, »anstatt der Zehn hoch minus dreiunddreißig Zentimeter. Das ist eine enorme Vergrößerung.«
»Quintilliardenfach«, bestätigte ich. »Sobald der Saft ins Hirn der Versuchsperson injiziert ist, wird das ganze Gehirn beliebig unbestimmt, da die Größe des Gehirns den Wert der Planckschen Länge jetzt unterschreitet. Die mit diesem Gehirn verbundene Persönlichkeit wird in die Lage versetzt, zu tun, was immer sie will.«
»Eine Unbestimmtheit dritter Ordnung«, sinnierte Bitter. »Eine klug durchdachte Vorrichtung. Und Sie sagen, *Sie* hätten das erfunden?«
»Niemand hat das erfunden, sag ich Ihnen. Ich hab es von Harry und Harry hat's von mir. Der Blanser stiftete uns lediglich an, ihn zu bauen.«
»Trotzdem will er nur dreimal funktionieren«, stellte Bitter fest und lehnte sich im Sessel zurück. »Was hältst du denn von dieser Geschichte, Sybil?«
»Ich finde, du hast recht, Nancy den dritten Wunsch äußern zu lassen«, sagte Bitters Frau. Sie hatte eine Zigarette angezündet und legte den Kopf auf die Seite, um keinen Rauch in die Augen zu bekommen. »Es ist wie im Märchen. Erinnerst du dich an das Märchen mit dem magischen Fisch, das wir gelesen haben, Sybil?«
»Ja-ah.«
»Wie geht es denn?«
»Ungefähr so«, begann Sybil. »Ein armer Fischer fängt einen

Zauberfisch. Der Fisch sagt: ›Setz mich ins Wasser zurück, und du kannst alles haben, was du nur willst.‹ Also wirft der Fischer den Fisch ins Wasser zurück. Als er am Abend in seine armselige Hütte heimkehrt, erzählt er seiner Frau davon. Die Frau erwidert, daß sie in einer wunderschönen Villa leben möchte. Da geht der Fischer zum Meer zurück und bittet den Fisch um eine Villa. Gut. Als der Fischer nach Hause kommt, steht da eine herrschaftliche Villa, aber seine Frau ist nicht lange zufrieden damit. ›Das ist nicht genug‹, jammert sie. ›Ich will Königin in einem Schloß sein.‹ Also kehrt der Fischer abermals ans Meer zurück und ruft den Fisch. Als er diesmal nach Hause kommt, ist seine Frau Königin in einem Schloß, aber glücklich ist sie immer noch nicht. ›Ich will Kaiserin über Sonne und Mond sein‹, sagt sie. Nun, der Fischer geht noch einmal ans Meer, um nach dem Fisch zu rufen, aber diesmal wird der Zauberfisch furchtbar zornig und nimmt alles wieder weg.«
»Es war der Fehler der Frau!« rief ich triumphierend aus. »Es war der Fehler der Frau, daß sie am Ende gar nichts mehr hatten.«
»Es war nicht die Frau, die sich immer wieder ans Meer begab, um den magischen Fisch zu belästigen«, sagte Sybil und blickte mich durch einen Vorhang aus Zigarettenrauch an. »Der Fischer hätte seinen eigenen Grips anstrengen sollen. Ich kenne auch ein anderes Drei-Wünsche-Märchen...«
»Das kenn ich«, fiel ich ihr ins Wort. *»Der Bauer und die Wurst.*«
»Ja«, sagte Sybil. »Und ich vermute, Sie geben der Frau in diesem Märchen ebenso die Schuld, stimmt's? Joe?«
Sie stand Nancy nur bei, weil sie beide Frauen waren. Und ich antwortete: »Natürlich war's die Schuld der Frau. Hätte sie sich nicht diese blöde Wurst gewünscht...«
»Und was, wenn ihr Mann nicht so gemein gewesen wäre? Dann hätten sie noch zwei Wünsche gutgehabt. Ein Ehemann sollte selbständig denken und nicht so aggressiv sein.«
Ich war gerade im Begriff, wütend etwas zurückzubellen, aber Bitter unterbrach mich. »Versuchen Sie nicht, sich mit Sybil

anzulegen. Es ist hoffnungslos. Ich werde mich bemühen, gelbe Gluonen aufzutreiben, Joe, aber Nancy muß sich blansen lassen, niemand anderes.«

»Also gut«, seufzte ich. »Aber was wirst du wünschen, Nancy? Denk bitte daran, daß ich meinen alten Körper wiederhaben will, und sieh zu, daß Harry und Sondra und ich den Ärger mit den Behörden loswerden.«

»Ich werde wünschen, was mir gefällt«, sagte Nancy sarkastisch. Diese Sybil war für Nancy ein verdammt schlechtes Vorbild, eine richtige Aufrührerin.

»Mir stand auch schon mal ein Superwunsch frei«, sagte Bitter plötzlich. »Das ist schon lange, lange her. Ich war mit einem gefährlichen Experiment befaßt... mit einem Experiment, das noch gefährlicher war als eures, Joe. Es verlieh mir unbegrenzte Macht, aber die Welt ging dabei zugrunde. Ich mußte meine ganze Macht einsetzen, um die Wirklichkeit wieder zu normalisieren. Ich mußte meine Macht gebrauchen, um mich von meiner Macht zu befreien.«

»Müssen denn *alle* Märchen, *alle* Geschichten, die sich um drei Wünsche drehen, so enden?« protestierte Nancy. »Muß sich alles dort wiederfinden, wo's begonnen hat?«

»Man könnte argumentieren, daß die Welt, so wie sie ist, vollkommen ist«, sagte Bitter. »Die Welt ist die Summe alles dessen, was wir uns für sie wünschen. Und jeder einzelne von uns ist ein Aspekt des Einen.«

»Ich begreife«, sagte Nancy mit leiser Stimme. »Ich begreife, Alwin.«

»Nun ja, *ich* nicht«, sagte ich und stand auf. Mein Rock hatte sich hochgeschoben, ich fuhr über meine breiten Hüften und versuchte, den Stoff nach unten zu streichen. »Kommen Sie, Dr. Bitter. Genug der Worte, schreiten wir zur Tat: Beschaffen wir uns diese Gluonen.«

»Einverstanden. Lassen Sie mich schnell noch mal telefonieren.«

Nancy und ich verabschiedeten uns von Serena, während Bitter seinen Anruf erledigte. Sybil fuhr fort, mich neugierig zu be-

trachten. Der Gedanke, daß ein Mann versuchte, einen Frauenkörper zu bewegen, schien sie zu faszinieren.
»Macht es Ihnen nicht Spaß, eine Frau zu sein?« fragte sie mich schließlich.
»Nein, es ist einfach zu schwer. Dazu gibt es ebenfalls ein Märchen, kennen Sie es?«
»Sie haben recht«, antwortete Sybil. *»Der Bauer, der das Haus besorgen wollte.«* Belustigt blickte sie mich aus sanften Augen an, ihr Mund war ein einziges Lächeln. Dieser Frau konnte man einfach nicht böse sein.
»Können Sie Serena noch 'n bißchen bei sich behalten?« fragte Nancy.
»Ich bin leider mit einem guten Freund verabredet«, sagte Sybil. »Aber meine Tochter Ida wird bald aus der Schule kommen. Sie wird sich um Serena kümmern. Wünsch dir was Gutes, Nancy!«
»Es ist alles in die Wege geleitet«, sagte Bitter, als er das Zimmer wieder betrat. »Tri Lu hat noch ein paar gelbe Gluonen, die er Ihnen für eine Million Dollar verkaufen wird.«
»Dann nichts wie hin!«
Alwin und Nancy und ich machten uns zu Fuß auf den Weg. Lus Büro war nicht weit.

Ich mach es!

Tri Lu hatte große Zähne, ein ausgemergeltes gelbes Gesicht und einen widerspenstigen schwarzen Haarschopf. Es war Liebe auf den ersten Blick.
»Ah... Joe Fletchel du?« Langes stoßartiges Lachen. »Du gloßel Glückspilz!« Mehr Gelächter. Er spreizte Daumen und kleinen Finger seiner rechten Hand, hielt sie ans Ohr und mimte einen Telefonanruf. »Ich splechen Doktel Baumgard. El sehl älgelich.«
»Hat er die Polizei benachrichtigt?«
»El will Infolmation – du velsplochen. El will sie gleich. Du auf meinen Schoß, Joe, und ich lufe an.« Wieder unbändiges Lachen, immer wieder von keuchendem Luftholen unterbrochen. *Howawhaha-keuch-hohawhahaha-keuch.* Schließlich schlug es in einen Hustenanfall um, und Lu vergrub sein Gesicht in den Händen. Er begehrte mich so sehr, daß es ihn verlegen machte.
»Sind Sie sicher, daß wir hier an der richtigen Adresse sind?« fragte ich den alten Bitter.
»O ja. Er ist unser einfallsreichster Experimentalist. Wenn er Ihnen nicht helfen kann... jemand Besseres werden wir nicht finden.«
»Wie er dich ansieht, Joe, das gefällt mir überhaupt nicht«, sagte Nancy. Mit nervösen Fingern zauste ich mir mein Haar. Tri Lu hatte sich inzwischen erholt. Er ließ mich nicht aus den Augen. Er war bereit, mich mit Haut und Haaren zu vernaschen.
»Warum wartet ihr zwei nicht draußen?« fragte ich Nancy und Alwin. »Dr. Lu und ich kommen schon allein zurecht.«
»Bist du sicher?«

»Ja. Bitte laßt uns allein, bis ich euch rufe. Macht einen Spaziergang, trinkt einen Kaffee...«
Sie verabschiedeten sich, und ich schloß die Tür hinter ihnen. Mit hinter dem Rücken verschränkten Armen lehnte ich mich dagegen und schenkte Tri Lu mein betörendstes Lächeln. Er lächelte zurück.
»Komm auf Schoß, Joe, ich wählen.«
Ich setzte mich auf seine Knie, und Lu wählte Baumgards Nummer. Es schien die einfachste Sache von der Welt. Und, Teufel noch mal, ich hatte nichts zu befürchten... hatte ich doch gut und gern zwanzig Pfund mehr auf den Rippen.
»Ich hoffe, ich bin nicht zu schwer für Sie, Dr. Lu.«
Er reichte mir den Hörer und schlang gierig seine Arme um mich.
»Gutes fülliges amelikanisches Flau. Ich lieben.«
»Hallo?« quäkte es am anderen Ende der Leitung. »Hier ist Baumgard.«
»Hier spricht Joe Fletcher.« Lu war mit seinen Händen an meiner Brust. Es war plötzlich nicht mehr so einfach, sich auf das Geheimnis des Universums zu konzentrieren. »Ich bin in Tri Lus Büro. Er sagte, ich solle Sie anrufen, um...« Ich brach den Satz mit einem Quietscher ab... Lus Finger umkreisten meine Brustwarzen.
»Sie hören sich merkwürdig an, Fletcher. Ist Ihnen irgendwas zugestoßen?«
»Kann man wohl sagen. Aber machen Sie sich nichts draus. Ich wollt Sie nur anrufen, um Ihnen mitzuteilen, weshalb alles existiert.«
»War das Experiment ein Erfolg?«
»Ja. Das Universum ist eine Art *Perpetuum Mobile.* Es leitet Energie aus der Zukunft in die Vergangenheit zurück. Das Universum ist ein selbst-erregendes System.«
Kurze Pause, dann: »Das ist nicht genug, Fletcher. Woher kommt dieses System? Die Weltschlange verschlingt ihren eigenen Schwanz...schön und gut. Aber wo kam die Schlange her?«
Lu versuchte, seine Hand zwischen meine Oberschenkel zu

bekommen. Zwar hatte ich die Knie fest zusammengepreßt, merkte aber, wie mein Widerstand schwächer und schwächer wurde.
»Was haben Sie gesagt, Baumgard?«
»Woher stammt dieses sich selber hervorbringende Universum?«
»Hm... das weiß ich nicht. Das hab ich nicht gefragt. Ich hab mir weiter nichts angeguckt als den Urknall. Ich half dem Universum sogar beim Urknall.«
»Das wird kaum ausreichen, Fletcher. Durch die fehlenden Gluonen habe ich schon genug Ärger. Ich sollte die Polizei benachrichtigen, und...«
»Wären eine Million Dollar genug?« Lu kämpfte sich mit seinem Gesicht an meines und versuchte es mit einem Kuß. Ich gab ihm einen. Hm, er schmeckte gar nicht schlecht. Jetzt bemerkte ich, daß ich immer noch den Hörer in der Hand hielt. Ach ja, Baumgard... »Ich werde Ihnen eine Million Dollar geben«, wiederholte ich und legte auf.
Ich vergewisserte mich, daß die Bürotür verschlossen war, und ließ es zu, daß Tri Lu mich splitternackt entkleidete. Er schwärmte um mich herum wie eine aufgeregte Bremse. Dann lagen wir beisammen. Ich war froh, es endlich zu tun, und glücklich, eine Frau zu sein.
Eine Stunde verging, vielleicht waren's auch zwei. Die Jalousien vor den Bürofenstern hatte man herabgelassen, und die Nachmittagssonne streifte uns mit Schatten. Nancy kam mir in den Sinn, und ich setzte mich auf. Zeit, sich wieder anzuziehen, Zeit, die Verkleidung wieder anzulegen.
Ich betrachtete Tri Lu, wie er unbeholfen in seine Unterwäsche stieg. Ich liebte ihn. Er war ein Mensch, eine Person, die glücklich sein wollte. Ich war glücklich, aber ich wollte mehr. Ich wollte gelbe Gluonen.
»Ich habe zwei Millionen Dollar«, sagte ich und zog gebündelte Banknoten aus meiner Geldtasche. »Eine Million für dich, eine für Dana.«
»Dummes Papiel. Nix gut wie plima Liebe mit uns.« Er schenkte

mir sein vielsagendes Lächeln. Seine drahtartigen Haare standen nach allen Seiten ab.

»Oh, Lu.« Ich nahm ihn ein letztes Mal in meine Arme. »Ich danke dir! Danke...«

»Ich danken mehl. Weiches, schönes Flau.« Er küßte seine Fingerspitzen und berührte meine Brust. Ich tätschelte ihm die Wange und zog dann meinen Taschenspiegel hervor, um mein Make-up zu prüfen. Hoffnungslos verschmiert. Nancy würde sofort wissen, was... Na gut... sollte sie doch. Ich mußte meine Weiblichkeit doch wenigstens einmal genießen, oder etwa nicht?

Das Geld ließen wir auf Lus Schreibtisch, stiegen in den Fahrstuhl und fuhren ins Kellerlabor hinab. Als erstes wurde ein riesiger Linearbeschleuniger sichtbar, eine chromblitzende Röhre, die aus dem Keller herausführte und in einem Tunnel verschwand. Unser Ende des Beschleunigers – das Business-Ende – war von einem Dickicht aus Maschinen und Schalttafeln umgeben. An der einen Seite stand ein Tischchen; und darauf ein Durcheinander von Papieren und Gummibändern.

»Qualk und Gluon«, sagte Lu. »Schau, Joe.« Er reichte mir ein kleines Modell, ein einzelnes Gummiband mit einem Klümpchen Kautschukkitt an jedem Ende. Die geschwärzten Kautschukklümpchen waren so groß wie Eicheln.

»Wie Qualk«, sagte Lu und zeigte auf eines der Klümpchen. »Gluon velbinden.« Er zupfte an dem Gummiband.

Ich spielte einen Augenblick an dem kleinen Modell herum. Solange die Quark-Klümpchen dicht beieinander waren, passierte gar nichts. Wenn man aber versuchte, sie auseinanderzuziehen, spannte sich das verbindende Band mehr und mehr und zog die Quarks wieder zusammen.

»Wenn da abschneiden«, sagte Lu und zeigte auf die Bandmitte, »machen zwei neue Qualk.«

Wenn das Gluon ein Band war, das die Quarks zusammenhielt, konnte man sich die Enden des Gluonenbandes als Quarks vorstellen. Schnitt man das Band durch, gab es zwei neue lose Enden, zwei neue Quarks.

»Statt dessen ich zwacken ab«, sagte Lu und reichte mir ein anderes Modell. Es glich dem ersten, nur daß das verbindende Gluonenband zu einer Schleife gebogen war und sich an den Enden traf. Wenn man die Schlaufe von den Klümpchen freizwackte, erhielt man ein kreisförmiges Gluonenband, ein freies Gluon, ohne Quarks.
»Vielundzwanzig Monate Albeit«, sagte Lu und fing von neuem an zu lachen. Er gab mir ein kleines Magnetfläschchen, das er einem Schrank neben dem Beschleuniger entnommen hatte. »Ein dleißigstel Glamm gelbe Gluonen. Ein Million Dolla.« Sein Lachen ging wieder einmal in einen Hustenanfall über.
Ich öffnete die kleine Flasche und blickte hinein. Die Gluonen waren gelb wie die Sonne auf Wasser, gelb wie Lu, gelb wie eine Ähre. Heißes, goldenes Gelb. Ich steckte die Flasche in meine Tasche.
Wir sagten uns Lebewohl, ich verließ das Physikgebäude und machte mich auf die Suche nach Nancy. Ich fand sie und Alwin auf einer Steinbank sitzend, wenige hundert Meter vom Labor entfernt. Herbstblätter wirbelten durch die Luft, durch Luft so kühl wie ein Bergsee.
»Wie siehst *du* denn aus?« fragte Nancy. »Weshalb hat's denn so lange gedauert?«
Ich antwortete nicht. Statt dessen hielt ich die Gluonen in die Luft. »Hier sind sie. Genügend Gluonen für zweieinhalb Sekunden. Hast du dir deinen Wunsch überlegt?«
»Ich möchte wissen, was passiert ist, Joe. Wieso ist dein Make-up so verschmiert?«
»Du weißt schon. Ich mußte. Ich mußte es tun, Nancy.«
»Mein Gott, was bist du widerlich!« Sie senkte den Kopf und spielte an einem losen Fädchen an ihren Jeans. Mit einemmal brachen wir beide in Tränen aus.
»Es tut mir leid, Nancy. Es tut mir leid, daß ich so... so entstellt bin. Aber mit den Gluonen... mit den Gluonen werden wir alles wieder so machen, wie es vorher war. Ich bin sicher, das geht.«
Ich setzte mich auf der anderen Seite neben Bitter. »Sagen Sie es ihr, Alwin. Sagen Sie ihr, daß ich sie liebe.«

»Sagen Sie's ihr selbst«, erwiderte Bitter und stand auf. »Ich gehe nach Hause.«

Also sagte ich Nancy, daß ich sie liebte. Ich sagte ihr, daß ich alles wieder so haben wollte wie zuvor, nur noch besser. Ich sagte ihr, daß ich mich Lu nur hingegeben hatte, damit er mir die Gluonen verkaufte. Es dauerte nicht lange, und Nancy glaubte mir. Und noch ein wenig, und ich glaubte es selbst auch.

»Was wirst du dir also wünschen?« fragte ich, als wir mit unserem Make-up fertig waren.

»Ich hab mich mit Alwin darüber unterhalten und... ich glaub, ich hab 'ne Idee«, sagte Nancy. »Aber ich will wirklich sichergehen, daß ich nichts falsch mache. Kannst du mir das mit der Planckschen Länge noch mal erklären?«

»Normalerweise beträgt die Plancksche Länge ungefähr 10^{-33} Zentimeter«, sagte ich. »Und ist damit wesentlich kleiner als ein Atom oder ein Elementarteilchen. Die Plancksche Länge ist die Größenordnung, unterhalb derer die normale Physik zusammenbricht. Für Dinge, die kleiner sind als die Plancksche Länge, gilt keinerlei Regel von Ursache und Wirkung mehr. Dort unten herrscht also totale Unbestimmtheit, alles kann dort passieren. Also ist die Idee, die hinter dem Blanser steht, ganz einfach die, daß er die Plancksche Länge bis auf einen ganzen Meter ausdehnen soll. Wird jemand geblanst, wird die Plancksche Länge in der Nähe seines Kopfes einen Meter betragen. Für 'n paar Sekunden befindet man sich also in einer Zone totaler Unbestimmtheit. Und alles, was man sich ausdenken kann, wird Wirklichkeit.«

»Was passiert aber, wenn man die Plancksche Länge auf zehn Meter ausdehnt? Könnten dann nicht mehrere Leute auf einmal geblanst werden?«

»Ich denk schon. Obwohl nur eine Person nötig ist, die die Injektion erhält. Das Hirn agiert dann wie 'ne Art Verstärker.«

»Was für 'ne Injektion?«

»Die letzte Phase des Blansens besteht darin, daß 'ne Nadel deine Fontanelle durchstößt – du weißt doch, wo Serena die weiche Stelle hatte.«

»Wie bitte? Mitten durch meinen Kopf?« Instinktiv betastete Nancy ihre Schädeldecke. »Tut das weh?«
»Nein, nicht richtig. Du hörst zwar ein unangenehmes knirschendes Geräusch, aber weh tut's nicht. Und dann bist du geblanst.«
»Du sagst, ich hätte nur zwei Sekunden?«
»Genaugenommen zwei und zwei Fünftel. So. Wirst du mir jetzt erzählen, was du dir wünschen wirst?«
»Nein. Alwin meinte, ich solle es dir nicht erzählen. Er sagte, du würdest bestimmt versuchen, mich umzustimmen.«
»Nun gut, streiten wir uns nicht schon wieder«, seufzte ich. »Sieh bitte nur zu, daß ich meinen Körper wiederkriege. Fliegen wir jetzt nach New Brunswick?«
»Okay.«
Nancy legte sich hin, ich setzte mich auf ihren Po, und wir flogen davon.

Nancys Wunsch

Ohne Windschild konnte Nancy nicht so schnell fliegen wie damals Sondra. Wir stiegen auf ein paar hundert Meter Höhe und folgten dem Highway in nördlicher Richtung auf New Brunswick zu. Auf halbem Weg entdeckte ich plötzlich einen dicken schwarzen Punkt, der sich uns näherte. Ein Habicht? Eine Lenkrakete?

Es war Sondra, soeben dem Carteret-Gefängnis entflogen. Sie kam auf gleiche Höhe heran, und wir schwebten einen Augenblick lang auf der Stelle.

»Macht Fliegen nicht Spaß, Nancy?« fragte Sondra. Ihr Gesicht glühte vor Erregung. »Man ließ mich zum Hofgang hinaus, und sofort flog ich auf und davon. Ich bin auf dem Weg zu Alwin.«

»Da kommen wir gerade her«, sagte ich. »Er war mir bei der Beschaffung weiterer Gluonen behilflich.«

»Ich fragte ihn, was ich wünschen sollte«, fügte Nancy hinzu. »*Ich* werde diesmal den Wunsch aussprechen.«

»Warum wünschst du dir nicht ganz viele Wünsche?« schlug Sondra vor. »Wünsche für alle Wünsche, die wir haben.«

»Das ist zu vage«, protestierte ich. »Ich glaube nicht, daß das Wünsche-Wünschen erlaubt ist.«

»Es ist doch nur 'ne Maschine«, sagte Sondra, »kein Kobold oder so was. Nancy sollte 'n ganzes Hundert Wünsche wünschen.«

Die zwei Frauen schwebten einträchtig nebeneinander. Die Sonne brannte, und ich fühlte mich wie ein Badefreak mit 'ner Luftmatratze auf dem Wasser. Unter uns dehnten sich endlos Felder aus und, zur Rechten der Jersey Turnpike mit all den vielen Autos, die wie Ameisen dahin zu kriechen schienen.

»Mach dir bitte keine Sorgen, Sondra«, sagte Nancy. »Ich werd etwas ganz Tolles wünschen. Ich glaub, mein Wunsch ist der eigentliche Grund, weshalb der Blanser sich überhaupt ins Leben gerufen hat.«

»Und wie lautet der Wunsch?« versuchte ich's noch einmal. Aber Nancy weigerte sich standhaft, mir etwas zu verraten.

»Wie geht's Harry?« fragte mich Sondra.

»Heute morgen sah ich ihn. Er sitzt im Rahway-Gefängnis. Er will da raus.«

»Ich wünschte nur, es hätte keine siebzehn Tote gegeben«, sagte Sondra. »Das tut mir fürchterlich leid. Hätte ich auch nur einen Wunsch, so wünschte ich mir, daß sie wieder am Leben wären. Nancy, glaubst du...«

»Sie wird nur ein wenig mehr als zwei Sekunden haben«, unterbrach ich Sondra. »Und das Wichtigste ist, daß ich meinen Körper wiederkriege. Auch wird sie unseren Ärger mit der Justiz aus der Welt schaffen, aber...«

»Überlaßt das alles mir«, sagte Nancy. »Ich weiß schon, was ich tue.«

Ein paar Schulkinder, die sich auf den Feldern unter uns tummelten, hatten uns entdeckt. Ihre dünnen Stimmchen drangen mit der sanften Herbstbrise zu uns herauf.

»Weißt du, Nancy«, sagte Sondra, »ich hab immer noch Mühe zu glauben, daß ich fliegen kann. Ich muß mich wirklich darauf konzentrieren, damit ich nicht runterfalle. Wie beim Fliegen in einem Traum. Fühlst du das nicht auch?«

»Was soll denn das?« protestierte ich ängstlich. »Das ist nun wirklich nicht der Zeitpunkt, um über solche Sachen zu reden!«

»... und wie 'n Stein runterplumpsen«, sinnierte Nancy. »Wenn man auf einmal nicht mehr wüßte, wie. Ja, ich kann's wirklich fühlen, Sondra. Und du? Joe?«

»Paßt doch auf, Mädels. Seht mal...!« Ein Farmer fuhr mit seinem Pickup heran und stieg mit einem Gewehr in der Hand aus. Der ferne Knall eines Gewehrschusses drang durch die Luft.

Wir verabschiedeten uns hastig von Sondra und flogen das letzte

Stück nach New Brunswick. Nancy setzte zum Landeanflug an; in der Nähe von Harrys Werkstatt befand sich ein Parkplatz, dort setzten wir auf. Zuerst dachte ich, niemand hätte uns gesehen, aber dann kam ein alter Pennbruder auf uns zugestolpert.
»Nimm mich mit, Engelein, auf die Reise.« Er hatte das wettergebräunte Gesicht eines Seemanns. »Nimm mich mit auf das weite, weite Meer.« Er schien reichlich daneben, obgleich kräftig genug, um uns ernsthaft gefährlich werden zu können.
»Gehen Sie«, sagte ich kurz angebunden. »Lassen Sie uns in Ruhe.« Wir steuerten auf den Ausgang zu, der Pennbruder kam hinterher getorkelt.
»So geben Sie mir doch was«, bettelte er. »Ich brauch Geld, um mir 'nen Zierfisch zu kaufen.«
»Hier.« Ich zog eine Zehndollarnote aus meiner Tasche und gab sie ihm. »Und nun verschwinden Sie!«
»Dank dir, Fischengel.«
Die Fenster von Harrys Werkstatt waren mit Brettern vernagelt. Vor der Tür parkte eine glänzend schwarze Limousine. Nancy und ich versuchten, die Tür zu öffnen; sie flog auf und gab den Blick frei auf einen durchtrainierten Herrn in schwarzem Anzug. In der Rechten hielt er eine Pistole. »Wer sind Sie?« fragte er.
»Susan Gerber und Nancy Fletcher«, sagte ich. »Wir wollen nachsehen, ob Sie unseren Männern auch nichts gestohlen haben.«
»Ich bin Joseph Fletchers Frau«, setzte Nancy hinzu. »Und dies ist Harry Gerbers Schwester. Wir möchten ein paar persönliche Dinge abholen und ein Verzeichnis der wertvollen Gegenstände anlegen.«
Der Mann pfiff scharf durch die Zähne und zog uns ins Innere des Hauses. Die Tür fiel hinter uns ins Schloß. Drinnen stand ein weiterer Mann in Schwarz. Er hatte die Tür zum Hof bewacht. Beide waren bewaffnet. Sie behaupteten, sie seien Beamte der Regierung.
»Warum will Ihr Bruder nicht aussagen?« fragte mich der erste Mann. »Sein Gerät birgt ein ungeheures Potential zur Erhöhung der nationalen Sicherheit.«

»Harry spricht mit mir nie über Dinge, die seine Arbeit betreffen«, äußerte ich mit einfältigem Lachen. »Wobei… *ich* würde das sowieso nicht verstehen.«

»Und Sie?« fragte der andere Mann Nancy. »Wo hält sich Ihr Mann versteckt?«

»Ich wette, an einem Ort, wo es heiß und feucht ist«, sagte Nancy. »Mein Mann hat 'ne Vorliebe für solche Orte. Irgendein dichtbewachsenes Delta an irgendeiner Flußmündung. Wer weiß? Sie sind die Herren von der Polizei, nicht ich.«

»Urlaub in den Tropen… das wär nicht schlecht«, sagte der zweite Mann in Schwarz. »Die Bahamas… das wär schon was.« Er wandte sich seinem Kollegen zu. »Und du, Jack?«

»Wenn ich so könnte, wie ich wollte«, sagte der erste Mann in Schwarz, »wäre ich jetzt mit dem Zelt in den Rockies unterwegs.«

Sie waren auf unsere Story hereingefallen und ein wenig lockerer geworden. Unentwegt lächelte ich sie an.

»Können wir uns jetzt ein wenig umsehen?« fragte ich. »Am liebsten würden wir oben anfangen und dann mal einen Blick in die Werkstatt werfen.«

»Erst müssen wir Ihre Handtaschen nach Feuerwaffen untersuchen.«

»Bitte.« Ich öffnete meine Tasche. Meine Schminkutensilien waren drin, die Susan-Gerber-Ausweispapiere, ein bißchen Geld sowie die Magnetflasche mit Gluonen.

»Was ist das?« fragte der erste Mann in Schwarz und zeigte auf die Flasche.

»Das ist… das ist mein Deodorant.«

»Oh. Verzeihen Sie.«

Sie ließen uns allein nach oben gehen; was sie am meisten interessierte, war die Werkstatt.

»Wie schaffen wir uns die vom Hals?« flüsterte Nancy.

»Vielleicht sollten wir uns einfach 'n paar Messer aus der Küche holen.«

»Keinen Mord, Joe. Das würde uns nur noch tiefer reinreißen. Außerdem haben diese Männer Pistolen.«

»Was sollen wir sonst tun? Sie verführen?«
»Warum legen wir oben nicht einfach Feuer? Die beiden werden heraufkommen, um es zu löschen, während wir uns in der Werkstatt einschließen. Dauert es lang, bis der Blanser in Gang kommt?«
»Nicht sehr lange. Wenn's gelingt, uns in der Werkstatt einzuschließen, haben wir genügend Zeit, bis sie die Tür aufbrechen.«
Wir betraten das Schlafzimmer.
»Zünden wir doch einfach Harrys Bett an«, schlug Nancy vor, »es ist so schön schmierig.«
»Harry magst du wohl überhaupt nicht, Nancy, stimmt's?«
»Weshalb sollte ich ihn mögen? Er mag mich auch nicht.« Sie fand eine halbvolle Flasche hochprozentigen Wodka und goß den Inhalt über Harrys Kopfkissen. »Das sollte reichen. Siehst du irgendwo Streichhölzer?«
Streichhölzer fand ich in der Küche; und noch eine Flasche Wodka. Ein paar alte Zeitungen nahm ich ebenfalls mit. Nancy hatte inzwischen eine Kriegslist ausgeklügelt. Hörte sich gut an.
Das Bett fing nur langsam Feuer und entwickelte eine Menge Rauch. Nancy flog über der Schlafzimmertür in Stellung. Sie hielt einen kräftigen Besenstiel in der Hand.
Als der Rauch seine Fähnchen die Treppe hinunter auf Harrys Werkstatt zu auszuschicken begann, riß ich mir die Bluse auf und fing an zu kreischen. »Hilfe! Hier oben ist noch ein Gary-Hirn! Oh, bitte, helfen Sie mir doch!« Ich stand oben an der Treppe, vor lauter Verzweiflung völlig aufgelöst.
»Ich rette Sie!« rief einer der Männer in Schwarz zurück. Er kam die Treppe hinaufgehechtet, und ich tat so, als stolperte ich zurück in das raucherfüllte Schlafzimmer. Nancy schwebte genau über mir, den Besenstiel bereit. Als der Mann in Schwarz durch die Tür kam, fiel ich ihm in die Arme und hielt ihn fest, so daß Nancy ihm eins über den Schädel ziehen konnte. Dreimal mußte sie zuschlagen, bis er k.o. war.
Ich nahm ihm die Pistole aus der Hand, schob sie unter das Gurtband meines Rockes und stürmte nach unten und lief dem

anderen Mann in Schwarz geradewegs in die Arme. »Oben ist noch ein Hirni«, kreischte ich. »Ich glaub, es hat Mrs. Fletcher erwischt!«

Der Mann hastete an mir vorbei nach oben. Ich eilte in die Werkstatt, schloß die Tür hinter mir ab, dann öffnete ich die Vordertür. Nancy wartete bereits davor. Sie war durch Harrys Schlafzimmerfenster ins Freie geflogen.

Wir gingen in die Werkstatt zurück und verschlossen auch diese Tür. Abgestellt und auf der Seite liegend, war auch Antie in der Werkstatt. Ich schaltete sie ein, und wir machten uns daran, die Blanser-Maschine in Gang zu setzen. Von oben konnte man deutlich Schritte hören, die hin- und hereilten. Die zwei Kerle waren sicher eifrig damit beschäftigt, das Feuer zu löschen.

»Geh jetzt in die Blanskammer und leg dich auf den Tisch«, sagte ich zu Nancy. »Setz die Atemmaske auf und bereite dich auf den Schuß vor.«

»Joe, ich habe Angst.«

»Soll ich für dich gehn?«

»Nein, nein. Ich mach' ja schon.« Nancy gab mir einen Kuß, es war der erste heute. »Ich werde eine bessere Welt gestalten, Joe.«

»Das Mikrowellengefäß ist bereit«, rief Antie.

»Nimm die Gluonen aus meiner Handtasche!« rief ich zurück. »Viel Glück, Nancy.«

Nancy war jetzt in der Blanskammer. Ich setzte die Kupferfolie unter Spannung. Antie füllte die Gluonen in den Mikrowellenbehälter. Vorn im Laden lärmte irgendwer herum. Ich feuerte auf gut Glück einen Schuß durch die Tür. Antie füllte die Gluonen in die Konische Spule.

Ohrenbetäubender Lärm und Verwirrung... Zum dritten und letzten Mal wurde jemand geblanst... Aber nicht nur Nancy!

Diesmal wurde *jeder* geblanst. Alle Bewohner dieser Erde. Nancys Wunsch bestand nämlich darin: Die Plancksche Länge sollte für die Dauer von zwei Komma vier Sekunden (für die die Gluonen reichten), zehn Kilometer betragen. Während dieser Zeitspanne mußte jeder seinen Wunsch äußern.

Irdische Wonnen

Die Bewacher waren fort, und draußen regnete es – es regnete Fische. Die großen Regenfische fielen aufs Pflaster, zappelten einen Augenblick, schmolzen und wurden zu Wasser.

»Du hast's wirklich geschafft«, sagte ich zu Nancy. Ich hatte meinen Arm um sie gelegt, und sie lehnte sich gegen meinen langgewachsenen schlanken Körper. Ich war wieder ein Mann.

»Wo ist Harry?« fragte die alte Frau hinter uns. Es war Antie, die sich in eine getreue Fleisch-und-Blut-Kopie von Harrys verstorbener Mutter verwandelt hatte. Das Blansen hatte sogar bei ihr gewirkt. Nancys winzige Echofrauen waren aus der Kammer geschwärmt und hatten jedem von uns beim Wünschen geholfen. Anties Wunsch war gewesen, *genau wie Harrys Mutter zu sein*. Ich fragte mich, welche Wünsche die anderen Leute hatten in Erfüllung gehen lassen. Die Regenfische waren wahrscheinlich die Idee des alten Seemanns, den wir auf dem Parkplatz getroffen hatten. Jedem war das gewährt worden, was er sich am meisten gewünscht hatte.

»Wo ist Harry?« wiederholte Antie.

Ich wartete ab, daß Nancy antworten würde, aber sie schien zu sehr erschöpft. Was sie vollbracht hatte, hatte sie enorm viel Energie gekostet.

»Ich weiß nicht, wo Harry steckt«, antwortete ich Antie. »Wahrscheinlich hat er sich aus dem Gefängnis gewünscht. Vielleicht taucht er ja schon bald hier auf.«

»Ihr solltet euch verstecken«, drängte die alte Dame. »Jetzt, wo die Polizei euch wieder erkennen kann.«

»Das ist längst erledigt«, versicherte ich ihr. »Nachdem ich meinen Körper verwandelte, habe ich beim Gouverneur unsere Begnadigung erwirkt. Und, ich wette, Sondra hat diese siebzehn Leute auch wieder ins Leben zurückgerufen.«
»Stimmt«, murmelte Nancy. »Und die beiden Männer in Schwarz haben ihren Urlaub angetreten. Einer ist auf den Bahamas, der andere in den Rocky Mountains.«
Ein mannsgroßer Käfer marschierte vorbei, der Fischregen trommelte auf seinen grünlich schillernden Rücken. Was für ein komischer Kauz *der* wohl gewesen war... Ich lehnte mich aus der Tür und sah, daß es drüben beim Bahnhof sonnig war. Ein Fisch traf mich am Kopf und platschte aufs Trottoir.
»Gibt's nicht irgendwo 'nen Schirm? Wie wär's mit 'nem Spaziergang?« schlug ich vor.
»Ich bleibe hier und warte auf Harry«, sagte Antie fest entschlossen. »Außerdem muß ich in seinem Schlafzimmer klar Schiff machen.«
»Gut. Dann gehn Nancy und ich allein.«
Wir fanden einen Regenschirm und zogen los. Ohrenbetäubendes Motorengebrüll empfing uns, als wir auf die Straße traten. Ein Rennwagen schoß vorbei, seine Reifen zogen eine lange Fahne Fischwasser hinter sich her. Er sah aus wie ein Indy-500-Renner – was er wahrscheinlich auch war. Einen Häuserblock von der Werkstatt entfernt entdeckte ich den alten Seemann. Er stand da, starrte gen Himmel und fing Fische mit dem Mund. Noch einen Häuserblock weiter, und wir standen in der Sonne. Ich faltete den Regenschirm zusammen und sah mich um.
Der Bahnhof war in anmutiges Blattwerk aus Metall und Glas verwandelt, ein wahrhaftiger Kristallpalast für den Personenverkehr. Eine wunderschöne Dampflokomotive fuhr gerade ein.
»Ist sie nicht eine Schönheit?« rief der Lokführer uns zu. Stolz lehnte er aus dem Führerstand und winkte. »So eine zu bedienen, habe ich mir schon immer gewünscht!« Wir lächelten und winkten zurück.
Auf der anderen Straßenseite sah ich die Terminal Bar. Sie war

jetzt in einen prächtigen alten Saloon verwandelt, und zwar aus der Periode, aus der auch die Lokomotive stammte. Ein Honky-Tonk-Piano war bis auf die Straße zu hören. Der Barkeeper mit seinem kühn geschwungenen Schnurrbart stand grinsend unter der Tür, in der Hand hielt er einen unerschöpflichen Humpen Bier. Er grüßte uns und strahlte vor Glück. Es schien fast wie in Disneyland – mit dem Unterschied, daß hier alles Wirklichkeit war.
»Hat jedermann nur Gutes gewünscht?« fragte ich Nancy.
»Ja.« Sie lächelte. »Darauf habe ich schon geachtet.«
»Aber wie?«
»Ich schickte meine Echodamen aus, und zwar zu jedem einzelnen Menschen auf unserer Erde. Wenn ich irgendwo im Kopf irgendeines Menschen einen bösen Wunsch ausmachen konnte, griff ich ein und veranlaßte ihn, seinen Wunsch zu ändern. Und wenn sich die Wünsche zweier Leute in die Quere kamen, veranlaßte ich einen von ihnen ebenfalls, seinen Wunsch zu ändern.«
Ein Stückchen weiter war ein Straßencafé – ein ehemals heruntergekommenes deutsches Kaffeehaus. Ich erkannte den Besitzer, der an einem der Tische saß und mit Genuß ein Brathähnchen verspeiste.
»Drinnen gibt's ein Büfett«, rief er uns zu. »Bedienen Sie sich. Die Rechnung schreibe ich später.«
»Hast du Hunger?« fragte ich Nancy.
Sie nickte bejahend und nahm an einem der sonnigen Tische Platz. Ich ging hinein und füllte zwei Teller. Ich brachte sie nach draußen und holte dann noch Weißwein und Soda.
Schweigend begannen wir zu essen. Es war das beste Essen, das ich jemals gekostet hatte. Eine der Köstlichkeiten auf meinem Teller war eine knusprig gebratene Rindswurst. Ich hielt sie hoch, um sie Nancy zu zeigen und an das Märchen mit der Wurst zu erinnern.
Nancy lachte und tätschelte meine Hand. »Siehst du, Joe? Es ist gar nicht so schlecht, sich mit einfachen Dingen zu begnügen.«
»Weißt du, was jeder sich gewünscht hat?«
»Nein, inzwischen nicht mehr. Während ich geblanst war, wußte

ich es... ungefähr. Wie Alwin mir geraten hatte, schickte ich meine Echofrauen überallhin aus. Ich machte die Plancksche Länge groß genug, daß sie um die ganze Erde reichte, und ich half allen Menschen dabei, ihre Wünsche zu formulieren.«

»Wissen die Leute, daß du das warst? Man wird dich wie eine Königin behandeln!«

»Nein, nein. Du weißt selbst, wie winzig die meisten Resonanzen sind. Man konnte mich gar nicht sehen. Auch wäre ich überhaupt nicht scharf darauf, daß jedermann es wüßte... Stell dir mal vor: alle würden verlangen, daß ich's noch mal machte.«

»Ja... klar. Und noch mal geht nicht. Gluonen gibt's nur in drei Farben, und jede Farbe funktioniert nur einmal.« Ein hübsches junges Paar kam aus der Luft herabgeschwebt und nahm an einem der benachbarten Tische Platz. Ich blickte nach oben und entdeckte eine ganze Reihe von Leuten, die über den Häusern kreisten. Der Wunsch, fliegen zu können, war offensichtlich weit verbreitet gewesen.

»Was Harry sich wohl gewünscht hat?« überlegte ich. »Weißt du's?«

»Ich wollte das auch wissen, aber bevor ich bis zu ihm durchdringen konnte, war er schon weg. Bei ihm war's wie bei dir – er wußte sofort, daß er geblanst war, und handelte.«

»War er nicht mehr in Rahway?«

»Er verließ unser All, soweit ich das noch mitgekriegt habe. Guck dir mal diese zwei an!«

Ein weiteres Paar hatte sich unter die Gäste des Cafés gemischt – eine wunderschöne rothaarige Frau und ein Mann, der keine zehn Zentimeter groß war. Der Mann hatte sich in das Dekolleté der Frau gezwängt wie ein Prinz auf einem Balkon. Ein Ort, wie man sich einen schöneren kaum vorstellen kann.

Mehr und mehr Leute erschienen auf der Straße. Alle schwatzten und guckten, was die anderen sich gewünscht hatten. Es gab wesentlich mehr schöne Frauen und Männer, als das sonst für New Brunswick typisch war; der Wunsch nach Schönheit schien sogar noch verbreiteter als der Wunsch, fliegen zu können. Viele Leute hatten sich überdies mit Juwelen behängt, und ich sah

mehrmals, wie Männer dicke Geldbündel aus der Tasche zogen.
»Mein ganzes Geld... mein ganzes Geld wird wertlos sein«, wurde mir schlagartig klar. »Bei den vielen Leuten, die nichts Besseres zu wünschen hatten als eine Million Dollar...»
»Das denke ich auch«, sagte Nancy. »Aber wir haben ja noch das Penthouse.«
»Wovon sollen wir aber leben? Zurück zu Softech? Mach ich nicht!«
»Warum machst du mit Harry nicht wieder ein Geschäft auf?« fragte Nancy und fügte hinzu: »Wenn du ihn finden kannst.«
»Das wäre eine Idee, ja...« Wieder einmal wurde ich von einem Passanten abgelenkt, diesmal von einem Mann, der mit mindestens dreißig Sachen in der Stunde vorüberrannte. »Guck dir den mal an! Was der für 'n Zahn drauf hat!«
»Unzählige Schönheiten, unzählige Millionäre, unzählige Sportskanonen«, sagte Nancy. »Kann ich bitte noch 'n bißchen Wein haben?«
Eine gigantische Frauenbrust rollte vorbei, gefolgt von einem Mann mit vier Armen. Fabrikneue Autos – historische und futuristische Modelle – surrten hierhin, dorthin. In einer Toreinfahrt auf der anderen Straßenseite lag ein Mann und wälzte sich in schier endloser Ekstase. In der Ferne hörte ich Musik.
»Was ist eigentlich mit Bitter? Was hat er sich denn gewünscht?«
Nancys Augen tanzten über ihrem vorm Gesicht geneigten Weinglas. »Alwin? Alwin ist die Selbstlosigkeit in Person«, sagte sie und setzte ihr Glas ab. »Er wünschte, daß alles dies sich ereignete.«
»Aber der Blanser hat sich selbst ins Leben gerufen. Es war nichts weiter als eine Ursache-Wirkung-Schleife, in die Harry und ich eingebunden waren.«
»Und wenn schon. Du und Harry und diese Schleife mußten ja von irgendwoher kommen. Alwin wünschte euch ins Leben...«
»Das glaub ich nicht, Nancy. Glaubst du das?«

»Ich weiß nicht. Was zählt, ist, daß alle Menschen eine Zeitlang glücklich sein werden, und später – wenn die Veränderungen sich verbrauchen – werden sich die Leute vielleicht immer noch erinnern, wie man glücklich ist. Ich dachte, einen Versuch wär das immerhin wert.«
Eine Maschine, die aussah wie eine fliegende Untertasse, zoomte die Straße entlang und schwebte über unserem Café. Eine Luke öffnete sich, und eine Familie kleiner grüner »Marsianer« sprang heraus. Sie sprachen mit New-Jersey-Akzent.
»Also, ich find das alles wirklich toll, Nancy. Hast du zufällig mitbekommen, was Serena sich gewünscht hat?«
»Ein Kaninchen zum Schmusen und eine Schachtel Bonbons.«
»Wie süß! Was meinst du? Sollen wir nicht nach Princeton fliegen und sie abholen? Du kannst doch noch fliegen, oder?«
»Sicher. Ohne den ganzen Mädchenspeck wirst du dich besser anfühlen, Joe.« Nancy griff unter den Tisch und drückte meinen Oberschenkel. Ich nahm einen Schluck Wein und lächelte sie an. Jedermann in Sichtweite schien glücklich zu sein. Es war wie ein ganz spezielles magisches Weihnachten.
Ich gab dem Café-Besitzer ein Zeichen. »Was bin ich Ihnen schuldig?«
»Keine Ahnung. Sie haben viel Geld, oder?«
»Klar. Hier, nehmen Sie 'nen Hunderter.« Ich fischte den Schein aus der Tasche, die ich als Geldtasche benutzt hatte, und reichte ihn ihm.
Stirnrunzelnd betrachtete der Wirt die Geldnote. »Ist der echt?«
»War das Essen echt?« konterte ich.
»Na gut, hundert«, brummelte er. »Aber ich mag das nicht. Wieso habe *ich* nicht daran gedacht, mir Geld zu wünschen, anstatt ein neues Restaurant?«
»Mit dem Restaurant sind Sie viel besser gefahren«, versicherte ich ihm. »Bald wird es eine Inflation geben, wie Sie sich's nicht vorstellen können.« Das gesamte Finanzsystem müßte von Grund auf renoviert werden. Es würde ein heilloses Durcheinander geben. Lange würden die Leute nicht glücklich bleiben.

Der Café-Besitzer stapfte hinüber zu den Liebestäubchen aus dem Himmel und berechnete ihnen eiskalt tausend Dollar für zwei Tassen Kaffee. »Vielleicht hättest du versuchen sollen, die Natur des Menschen zu verändern«, sagte ich zu Nancy, als wir uns zum Gehen wandten. »Die Leute freundlicher zu machen, und großzügiger.«
»Einige Leute haben sich das gewünscht«, antwortete Nancy. »Demnächst wird's 'ne Menge Heiliger geben.«
Ein Mann in Gestalt eines schweren Motorrads preschte vorüber. Auf seinem Sattel saß eine in Pelz gehüllte Frau. Wie ich ihnen nachschaute, erblickte ich ein Gebäude, das ganz und gar aus Fleisch bestand: ein hautüberzogenes Gebäude, durch dessen wonnige Körperöffnungen emsig Leute hinein- und hinausschwärmten. Allmählich wünschte ich mir, die Szene wäre weniger vom Wahn geprägt...
»Okay, Nancy. Ziehn wir los. Leg dich hin und...«
Plötzlich erschienen zwei Hände vor mir. Hände, die mir wohlbekannt vorkamen. Sie ergriffen mich bei den Schultern und rissen mich mit sich fort ins Unbekannte.

Rudy Rucker sieht dich an

Man könnte sagen, alles wurde schwarz, oder man könnte sagen, alles wurde weiß. Ich war… woanders.

Aber nicht allein.

»Hey, Fletcher«, ließ sich die vertraute Stimme hören, »du mußt mir helfen.«

»Harry? Wo sind wir?«

»Natürlich im Superraum.«

»Was ist Superraum?« Ich fühlte umher nach meinem Körper und konnte ihn nicht finden.

»Gedankenland, Fletch, der Kosmos. Reiner Geisteszustand. Abstrakte Möglichkeit. Unendlich viele Dimensionen. Die Klasse aller Mengen. Gottes Verstand. Das prä-geometrische Substrat. Der Hilbertraum. Die vorletzte Wirklichkeit. Weißes…«

»Hör auf mit dem Scheiß, Harry. Mir ging's sehr, sehr gut, bis du dich wieder mal eingemischt hast. Bring mich zurück!«

»Du willst doch nicht *da* wieder hin… Das hier ist um vieles cooler. Hier ist die Ewigkeit, Joe, das Geheimnis des Lebens.«

»Ach, hör doch auf, Harry. Das Geheimnis des Lebens interessiert mich nicht. Ich will nach Haus, ich will zu Nancy. Nancy und Sondra werden inzwischen schon bei Alwin Bitter sein.«

»Wart mal 'n Augenblick.« In der schwarz-oder-weißen Leere um mich herum erschienen Kontraste. Fließendes und Flatterndes, Klumpen, Nebelflecken. »Kannst du's jetzt sehn?«

»Ich kann gar nichts sehen. Ebensogut könnte ich Wolken betrachten.«

»Du siehst Wolken? Warte.« Der Nebel faltete sich in sich selbst zusammen. Farben tauchten auf. Klar umrissene Formen began-

nen Gestalt anzunehmen. Eine davon war Harry, und eine andere war ich.
»Das ist schon besser«, sagte ich und bewegte ganz vorsichtig einen Arm. Der Arm löste sich in Wohlgefallen auf.
»Dein Arm befindet sich jetzt in einer anderen Dimension«, erläuterte Harry. »Wir befinden uns an einer drei-dimensionalen Schnittstelle des unendlich-dimensionalen Superraums. Wenn du es versuchst, kannst du deinen Arm wiederhaben.«
Ich versuchte es. Und auf einmal war mein Arm wieder da, obwohl die Hand immer noch fehlte. Ich untersuchte den Armstumpf. Er sah aus, als wäre meine Hand mit einem Hieb abgetrennt worden. Ich konnte den Knochen sehen, mitsamt dem Knochenmark, das Muskelgewebe und die runden Öffnungen der Venen. Aber Blut sprudelte trotzdem nicht heraus.
»Schüttel mal dein Handgelenk«, drängte Harry.
Ich schüttelte mein Handgelenk, und mit einemmal war meine Hand wieder da. Hey, das war nicht uninteressant... Ich versetzte Harrys Kopf einen leichten Stoß und sah zu, wie er verschwand. Und indem ich in seinen Hals hineinblickte, konnte ich das Innere seiner Lungen sehen, ja sogar seinen Bauch. Aber dann war der Kopf auch wieder da.
»Wo ist unser Universum?« fragte ich Harry. Unsere beiden Körper schienen jetzt ziemlich solide, wobei alles andere um uns herum es nicht war. Alles war ein einziges Geschiebe und Gewoge aus farbigen Lichtstrukturen.
»Da! Dieses Ding da drüben«, sagte Harry und zeigte auf einen kleinen eiförmigen Klumpen aus nebligem Weiß.
»Was ist mit den anderen Klumpen?«
»Andere Universen; was dachtest du denn? Ich bin schon mal hiergewesen. Wenn auch nur kurz, damals, als ich das erste Mal geblanst wurde. Ich kam hierher, um die Spiegelwelt zu finden.«
Harry zeigte auf einen rötlichen Lichtfleck, der dem weißen, unserem Zuhause, benachbart war.
»Weshalb sind die so klein?«
»Das hat mit unserer Position auf der Größenachse zu tun. Hier gibt's 'ne Achse für alles und jedes.«

Ich trieb dichter an unser Universum heran. Aus der Nähe betrachtet war das verschwommene weiße Licht mit Wirbeln und Punkten gemustert. Ein Galaxienhaufen.
»In diesem Augenblick befinden wir uns in einem All parallel zur Zeit unseres Universums«, sagte Harry und ergriff meinen Arm. »Aber wir können uns zur Seite drehn.«
Er zog mich mit, und wieder veränderte sich alles um uns herum. Unser Universum war jetzt gestreift wie eine Wassermelone oder eine Stachelbeere. Helle Linien zogen sich von einem Pol zum anderen.
»Der Urknall ist hier unten«, sagte Harry und zeigte an das eine Ende. »Siehst du die Schleifen? Die Schleifen, die zurückführen? Das hast du verursacht, als du geblanst warst. Die Schleifen zurückleiten.«
Ich blickte noch näher hin und konnte sehen, daß unser Universum wirklich aus einem einzigen verhedderten Faden bestand, einer hell leuchtenden Leine, die wie in einem Gewebe unsichtbar wurde, wieder auftauchte, aus einem Knäuel hinein- und hinausführte. Ein einziger endlos verknoteter Draht, ein wirres Knäuel Garn, der Gordische Knoten. Ich sah mir ein paar andere Universen an, verknotete Eier überall. Wir standen wirklich hinter den Kulissen.
»... verschiedene Achsen für jede Eigenschaft«, sagte Harry gerade.
»Können wir den Maßstab verändern? Ich würde gern mal die Erde sehen.«
»Kein Problem.« Harry zupfte mich wieder am Arm, und alles veränderte sich wie die Bilder in einem Kaleidoskop. Mir wurde schwindlig, und ich sehnte mich nach etwas zum Draufstehen.
Kaum zu Ende gedacht, schon war was da. Wir standen in einem Korridor, von dessen Wänden gelbe Farbe abblätterte. Das Universum-Ei schwebte vor unseren Augen, ein unendlich detailliertes Bild in einer Kristallkugel.
»Ist das hier Wirklichkeit?« Ich scharrte mit dem Fuß auf dem schmutzigen Fußboden. Spucke, Kippen, Haarbüschel.
»Das ist die Transportachse. Wir nehmen sie auf unsere Weise

wahr. Ich denke, ein Stückchen weiter können wir eine Maßstabsänderung bewirken.«
Wir gingen den Korridor entlang und passierten mehrere verschlossene Türen. Ich fragte mich, wer oder was sich hinter ihnen verbarg. Ich war neugierig, wollte es aber gar nicht wissen. Ich wurde das Gefühl nicht los, daß wir von irgendeiner coolen, gleichgültigen Intelligenz beobachtet wurden, die sich gerade außer Sichtweite befand.
Am Ende des Korridors entdeckten wir eine Treppe, die nicht besonders vertrauenerweckend aussah. Als ich meinen Fuß auf die erste Stufe setzte, brach er durch, und ich schrammte mir mein Bein. »Halten wir uns lieber dicht an der Wand«, schlug ich vor. »Das ist sicherer.« Ich hatte das Gefühl, daß uns irgendwas folgte. Harry und ich waren bestimmt nicht die einzigen, die in den Superraum eingetreten waren.
So gut es ging stiegen wir die zerfallene Treppe hinauf. Das Universum-Ei blieb immer ein paar Meter vor uns. Mit jedem Schritt wurden die Details klarer. Ich konnte jetzt einzelne Sterne erkennen sowie einen Stern, den ich mir als unsere Sonne vorstellte.
Jäh endete die Treppe. Ich spähte über die Kante und konnte in das lichtgemusterte Chaos von vorhin hinabsehen. Über dem Abgrund hing ein reichlich abgenutztes Seil. Ich griff nach ihm und zog. Langsam begann die Planke, auf der wir standen, sich zu heben. Es war, als ständen wir auf einem Malergerüst.
Harry half mir, an dem Seil zu ziehen, und wir stiegen stetig höher ins milchige Dunkel, das Universum-Ei immer ein wenig über uns. Jetzt konnte man die Erde erkennen, Nordamerika, New Jersey – meine Hand berührte einen verrosteten Seilzug.
»Höher geht's nicht, glaub ich, Harry.« Unsere Plattform geriet ins Schwanken, und ich verlor langsam den Halt. Ich war mir ganz sicher, daß ich in der Nähe irgendwen atmen hören konnte.
»Schaff uns hier weg, Harry, wir werden verfolgt!«
»Warte. Ich denk mir was aus, wie wir hier wegkommen. Ja!« Er riß mich zur Seite, und ich vernahm ein mächtiges Knarren und Quietschen. Eine Art Bank kam auf uns zugesegelt. Ächzende

Metallverstrebungen führten von der Bank zu einer unsichtbaren Maschinerie. Es war wie ein gigantisches Jahrmarktskarussell, eine Kreuzung zwischen Achterbahn und Riesenrad. Mit einem Satz sprangen wir auf die Bank, und das Seil zerriß.

Einen Augenblick lang dachte ich, wir würden's nicht schaffen, und wie ich für einen Sekundenbruchteil so dahing, brachte ich den Mut auf, über meine Schulter zu blicken.

Hinter uns stand ein Mann, ein heruntergekommener Kerl mit kurzem Haar und flackerndem Blick. Er hatte die angespannten Gesichtszüge und den Stoppelbart eines typischen Drifters. Seine Lippen waren leicht geöffnet und gaben den Blick auf seine schiefen Zähne frei. Als er sah, daß ich ihn bemerkt hatte, gab er den geringsten Funken einer Antwort – ein Aufflackern hämischer Freude, ein Aufwallen von Lust. Sein cooler, hungrig starrender Blick erfüllte mich mit Grausen. Mit aller Kraft griff ich nach der jetzt zurückweichenden Bank und – schaffte es.

Die Bank war gußeisern und hatte einen Ledersitz. Ich griff so fest danach, daß meine Sehnen knisterten. Harry war neben mir und genoß die Reise wie ein kleines Kind. Die Bank trug uns höher hinauf in die Dunkelheit, und das Universum-Ei schwebte, sich stetig verändernd, vor uns. Ich wagte nicht, mich noch mal umzusehen.

Princeton war in dem Ei, dann sogar Alwin Bitters Haus. Unsere Bank schwankte nach hier, wankte nach da, und das Alter des Hauses sprang ruckweise in der Zeit hin und her. Dann wurde die Fahrt gleichmäßiger, und ich konnte Alwin Bitter auf seiner Veranda sitzen sehen.

»Beweg den Kopf«, sagte Harry und räkelte sich auf seinem Platz. »Beweg den Kopf, und du kannst ihn auf alle mögliche Weisen sehn.«

Ich folgte Harrys Beispiel und bewegte meinen Kopf, mal nach da, mal nach hier. Alwins Körper schob sich ineinander, auseinander; er teilte sich in verschiedene Segmente und fügte sich wieder zu einem Stück. Aus einem anderen Blickwinkel war er nicht mal mehr ein Körper aus Fleisch, sondern eher ein leuchtendes Ei wie das Universum selbst. Im Innern dieses Alwin-Eis

konnte ich die leuchtende Kaskade seiner mentalen Prozesse verfolgen, ein dahineilender Sturzbach, der drohte, meine Individualität hinwegzuschwemmen.
Wieder bewegte ich meinen Kopf und sah Bitter eine Stunde früher, in dem Augenblick, als wir alle geblanst waren. Er dachte an Harry und mich, und er wünschte sich einen Wunsch – einen seltsamen, unglaublichen Wunsch. Es war, wie Nancy gesagt hatte – Alwin Bitter wünschte uns ins Leben! Er sorgte dafür, daß Harry und ich geboren wurden und unsere Leben so lebten, wie wir es getan hatten! Völlig außer Fassung schnappte ich in die Wahrnehmung unserer Bank zurück.
Jetzt fuhren wir auf Gleisen und ratterten durch die Dunkelheit wie durch eine Geisterbahn, das Ei mit Alwins Veranda immer vor uns her. Nervös blickte ich mich um, aus Furcht, irgendwas Entsetzliches könnte aus dem Dunkel auf uns zuspringen. Geisterbahnen haben mir stets große Schrecken eingejagt. Vor meinem geistigen Auge sah ich immer noch das entsetzlich gierige Gesicht des Mannes, der uns beschattete. Vielleicht hatte Alwin mich geträumt, aber dieser Mann hatte Alwin geträumt. Daran bestand kein Zweifel.
»Laß uns nach Hause gehen, Harry! Was sollen wir hier überhaupt?«
»Als Nancy mich blanste, dachte ich, die beste Fluchtmöglichkeit bestünde darin, hierher in den Superraum zu kommen. Dies ist der Kosmos! Nicht irgend so 'n mickriges Universum. Mir gefällt's hier. Es ist, als würde man das Innere eines Radios studieren oder 'ne Stadt von unten sehn. Durchblicken, wie alles funktioniert.«
»Aber vieles ist ein Produkt der Vorstellungskraft«, beharrte ich. »Die Treppe, das Malergerüst, die Bank... Das haben wir uns alles ausgedacht.«
»Stimmt genau«, gab Harry mit plötzlich giftiger Stimme zur Antwort. »*Wir* denken uns das aus, und nicht Alwin Bitter.«
»Sahst du seinen Wunsch?«
»Er denkt, er träumte uns. Das ist doch...«
»Mach dir mal keine Gedanken, Harry. Eine Ebene folgt der an-

deren...« Alwins Veranda verblaßte allmählich. Ich sprang auf die Füße, und die Bank begann bedrohlich zu schwanken. »Komm jetzt, Harry! Es geht nach Hause!«
Er versuchte, meinem Griff zu entkommen, aber schon hatte ich ihn an der Hand. Bevor es sich wieder verändern konnte, sprang ich auf das Universum-Ei zu...

Kann es jemals vorüber sein?

... und landete hart auf Alwin Bitters Veranda. Ich hielt Harrys Hand in meiner Hand, aber der Rest fehlte.

»So helfen Sie mir doch, Alwin«, rief ich aufgeregt. »Helfen Sie mir, Harry zurückzuziehen.«

Bitter umfaßte mich an meiner Hüfte. Mit aller Kraft zogen wir. Nach und nach erschien Harry in seinen Bauteilen: zuerst sein Arm, dann seine Schulter, dann sein wütendes Gesicht. Schließlich stand der vollständige Körper vor uns: der empörte, plumpe, zähe Schlaukopf Harry. Als ich seine Hand losließ, sprang er rückwärts; mit dem Resultat, daß er von der Veranda fiel.

»Nancy!« rief Alwin. »Sieh mal, wer da ist!«

Nancy und Serena kamen aus dem Haus gelaufen. Serena trug ihr neues Schmusekaninchen auf dem Arm.

»Oh, Alwin«, sagte Nancy, »ich hatte mir solche Sorgen gemacht. Ist jetzt alles vorbei? Kann es jemals vorüber sein?«

Ich drückte sie fest an mich, und Serena fand wie ein Wurm einen Platz zwischen unseren Beinen. »Alles ist gut, Liebling. Alles wird wieder gut.«

Harry steckte in Alwins Sträuchern fest. Alle drei mußten wir zupacken, bis wir ihn draußen hatten.

»Sie sind nicht der wirkliche Herr über Raum und Zeit«, schäumte Harry, als er Alwins Gesicht erblickte. »Sie sind nicht der, der uns machte und den Blanser und alles.«

»Das habe ich auch niemals behauptet«, erwiderte Alwin gelassen. »Ich habe lediglich mein Bestes getan, um die Dinge in Bewegung zu halten. Wir alle haben das getan. Niemand tat es. Unser Universum ist ein Eigenleben.«

»Ich wette, Sie haben keine Ahnung, wie der Kosmos aussieht«, spottete Harry. Die Tatsache, daß er nicht mal seine Studien abgeschlossen hatte, trieb ihn, in Gegenwart richtiger Wissenschaftler, in Verteidigungsstellung. Aber der alte Bitter blieb gelassen.
»Der Kosmos? Das ist wie in dem Märchen von dem Blinden und dem Elefanten, finden Sie nicht? Das Eine ist jenseits menschlicher Erkenntnis, Harry. In irgendeinem mit einer bestimmten Absicht verbundenen Sinn des Wortes – *existiert* der Kosmos nicht, denn…«
»Wo ist Sybil?« unterbrach ich ihn. Ich wollte nicht, daß dieses Hin und Her sich endlos in die Länge zog. »Was hat sie sich gewünscht?«
»Sie ist oben«, sagte Alwin wohlgelaunt. »Sie schreibt ein Buch. Das war Sybils Wunsch: ein gutes Buch zu schreiben.«
»Wow!« sagte ich beeindruckt. »Und was habe ich mir gewünscht? Nur Geld und weiter…«
»Das alte Geldsystem ist aufgehoben worden«, sagte Alwin. »Geld und gutes Aussehen und Stärke sind derzeit als Droge auf dem Markt ziemlich verbreitet. So sollte es auch sein. Jedermann wird sich jetzt mit seinen eigenen Fähigkeiten durchschlagen müssen.«
»Das war, was Alwin sich erhofft hatte«, erläuterte Nancy.
Diese ganzen Veränderungen… für mich war das viel zuviel. Ich drehte mich um zu meinem besten Freund. »Was werden wir tun, Harry?«
Harry war bereits auf dem Weg ins Haus, um Sondra zu suchen. »Was wir tun werden?« Er blieb einen Augenblick in der Tür stehen und blickte flüchtig in das dunkle Innere des Hauses. »Naja… Ich denke – genauso weitermachen.«

FISCHER LOGO

FÜR DEN SPIELRAUM IM KOPF

Naturwissenschaftliche Belletristik

RUDY RUCKER
LAFCADIO UND
DIE SEXKUGEL
Ein physikalischer Roman
Band 8704

Eine kurzweilig, spannend und temporeich erzählte Geschichte, die von ›höheren Dimensionen und Sex‹ berichtet.
Politische, mathematische, erotische Verwicklungen um ein unersättliches Kügelchen Hypermaterie namens Babs.

RUDY RUCKER
MIXMISCHMASCH
Geschichten aus der Hypersphäre
Band 8705

Achtzehn Stories, achtzehn Delikatessen für den Verstand. Lekkerbissen, die beim Lesen in den Windungen der ›alten grauen Masse‹ wie auf der Zunge zergehen. Die Geschichte eines amerikanischen Mathematikprofessors, der auszog, das Fürchten zu verlernen, das Unbekannte mit analytischem Verstand durchdringt, ins Jenseits springt und die Schwerkraft überwindet.

FISCHER TASCHENBUCH VERLAG

fi 1082/1